作者简介

祁有红

- 中国科学院研究生院　MBA 企业导师
- 原北京大学精细化管理研究中心　研究员
- 四川大学文化产业研究中心　研究员
- 北京博士德管理顾问有限公司　高级管理顾问

曾作为安全专家受前国家安全生产监督管理总局邀请在人民大会堂举行的"安全发展"高层论坛发表演讲。曾多次应政府机关、部队、院校、企业邀请，授课辅导，提供咨询顾问服务，广泛传播安全理念、方法和工具。自 2007 年开展培训以来，授课近两千场次，培训学员达数十万人。

出版著作主要有：《生命第一：员工安全意识手册（12 周年修订升级珍藏版）》《安全精细化管理：世界 500 强安全管理精要》《第一管理：企业安全生产的无上法则》《有感领导：做最好的安全管理者》《第一意识：铸造安全管理的红线》。

压实安全责任

祁有红◎著

安全责任

原理·实务·工具

企业管理出版社
ENTERPRISE MANAGEMENT PUBLISHING HOUSE

图书在版编目（CIP）数据

压实安全责任：原理·实务·工具 / 祁有红著 . --

北京：企业管理出版社，2023.6

ISBN 978-7-5164-2837-5

Ⅰ . ①压… Ⅱ . ①祁… Ⅲ . ①企业安全—安全生产

Ⅳ . ① X931

中国国家版本馆 CIP 数据核字（2023）第 088926 号

书　　名：	压实安全责任——原理·实务·工具	
书　　号：	ISBN 978-7-5164-2837-5	
作　　者：	祁有红	
策　　划：	朱新月	
责任编辑：	解智龙　　曹伟涛	
出版发行：	企业管理出版社	
经　　销：	新华书店	
地　　址：	北京市海淀区紫竹院南路 17 号	邮　　编：100048
网　　址：	http://www.emph.cn	电子信箱：zbz159@vip.sina.com
电　　话：	编辑部（010）68487630	发行部（010）68701816
印　　刷：	天津市海天舜日印刷有限公司	
版　　次：	2023 年 6 月第 1 版	
印　　次：	2023 年 6 月第 1 次印刷	
开　　本：	710mm×1000mm　1/16	
印　　张：	20.5 印张	
字　　数：	264 千字	
定　　价：	68.00 元	

前 言
PREFACE

激活安全灵魂，压实两大责任

　　为什么说责任是安全生产工作的灵魂？因为责任在安全生产工作中起着决定性、主导性的作用。那么，责任为什么会有这种决定性和主动性作用？这就要运用《本质安全管理》的原理，从安全的本质特性上去理解。

1. 安全的本质

　　关于"安全"，在普通人的认知中，"安"就是平安，"全"就是完全，平平安安，完完全全，所以，就有了"无危则安，无损则全"这样对"安全"的精辟描述。

　　在现代知识的通识体系中，安全是和危险相对立的概念。《现代汉语词典》中对"安全"的解释是：没有危险；不受威胁；不出事故。《韦氏大词典》将"安全"定义为：没有伤害、损伤或危险，不遭受危害或损害的威胁，或免除了危害、伤害或损失的威胁。

　　然而，在安全管理领域，无论是我们所熟知的安全生产，还是国际组织大多采用的职业安全健康，其所涉及的"安全"概念，都不是没有危险、不出事故那么简单。出不出事故，代表着结果管理，往往是滞后的。而且，不出事故并不意味着安全，因为可能有风险未受控；出了事故也不意味着不安全，因为事故的损失有大有小，而有些损失是企业发展所能够接受的成本。

那么，安全管理领域讲的"安全"是什么含义呢？概括为三句话：社会容许下，风险可控制，企业能做到。这也是《本质安全管理》所研究的安全的本质。

2. 责任是安全管理的灵魂

安全，就是社会容许的风险程度，而这些风险又是现有科技水平所能控制的，是企业和各级管理人员、全体岗位员工能够做到且必须做到的。如此理解，描绘风险的"安全"两个字，因为社会容许下，风险可控制，企业能做到，就变成了另外两个字——"责任"。

现代安全管理中，就有了安全—风险—责任的稳定三角结构。在这个三角结构中，风险是安全管理的核心，责任则是安全管理的灵魂。

3. 压实两大责任

责任是部门和岗位存在的必要条件。根据岗位不同可以划分为不同责任，企业安全生产主体责任和企业全员安全生产责任是安全生产中关键的两大责任。

企业安全生产主体责任是针对政府安全生产监管体系而言的。党和政府及全社会高度重视安全生产，各项政策法规建立起严密的安全责任体系，地方党委政府属地安全生产领导责任、政府部门安全生产监管责任、应急管理部门安全生产综合监管责任、企业安全生产主体责任共同构成了社会层面的安全生产责任网络。企业是生产经营的主体，政府是经济的"守夜人"，那么，企业理应承担起安全生产的主体责任。

企业全员安全生产责任是企业承担安全生产主体责任的重要形式。企业的安全生产责任体系建设参差不齐，一些安全生产先进企业在实践中逐渐建立起领导责任、直线责任、幕僚责任、属地责任等责任网络。全员安全生产责任是企业承担安全生产主体责任的基础，在企业内部安全生产责任网络里居于中心位置，这也是《安全生产法》强调必须要建立全员安全生产责任制的道理所在。

4. 本书探讨的课题

责任是安全管理的灵魂，要激活安全灵魂，就必须围绕企业主体安全生产责任、企业全员安全生产责任这两大责任，理解安全责任管理原理，掌握基本方法，借助管理工具厘清责任边界，确定履职标准，强化责任追究，逐步做到"尽职照单免责、失职照单问责"，保证企业安全生产目标的实现。

这正是本书要与各位读者探讨的课题。

目 录

CONTENTS

现实篇
REALITY

SAFETY

RESPONSIBILITY

第1章 CHAPTER

安全生产，责任大于天

① 政治责任：党和国家高度重视人民生命安全

1.1 习近平总书记有关落实安全责任的重要论述

1.1.1 关于安全生产是一项政治责任

确保安全生产、维护社会安定、保障人民群众安居乐业是各级党委和政府必须承担好的重要责任。（2015 年 8 月 15 日，就切实做好安全生产工作作出重要指示）

安全生产事关人民福祉，事关经济社会发展大局。（2016 年 10 月 31 日，在全国安全生产监管监察系统先进集体和先进工作者表彰大会作出重要指示）

各级党委和政府要切实担负起"促一方发展、保一方平安"的政治责任，严格落实责任制。要建立健全重大自然灾害和安全事故调查评估制度，对因玩忽职守造成损失或重大社会影响的，依纪依法追究当事方的责任。应急救援队伍全体指战员要做到对党忠诚、纪律严明、赴汤蹈火、竭诚为民，成为党和人民信得过的力量。（2019 年 11 月 29 日，

在中央政治局第十九次集体学习时强调）

牢牢守住安全生产底线，切实维护人民群众生命财产安全。（2020年4月，对安全生产作出重要指示）

1.1.2 关于建立健全安全生产责任体系

落实安全生产责任制，要落实行业主管部门直接监管、安全监管部门综合监管、地方政府属地监管。坚持管行业必须管安全、管业务必须管安全、管生产经营必须管安全。而且要党政同责、一岗双责、齐抓共管。（2013年7月18日，在中央政治局第28次常委会关于安全生产工作的重要讲话）

要坚决落实安全生产责任制，切实做到党政同责、一岗双责、失职追责。（2015年8月15日，就切实做好安全生产工作作出重要指示）

坚持党政同责、一岗双责、齐抓共管、失职追责，严格落实安全生产责任制，完善安全监管体制，强化依法治理，不断提高全社会安全生产水平，更好维护广大人民群众生命财产安全。（2016年10月31日，在全国安全生产监管监察系统先进集体和先进工作者表彰大会作出重要指示）

树立安全发展理念，弘扬生命至上、安全第一的思想，健全公共安全体系，完善安全生产责任制，坚决遏制重特大安全事故，提升防灾减灾救灾能力。（2017年10月18日，在中国共产党第十九次全国代表大会上的报告）

1.1.3 关于落实安全生产主体责任

对责任单位和责任人要打到疼处、痛处，让他们真正痛定思痛、痛改前非，有效防止悲剧重演。造成重大损失，如果责任人照样拿高薪、拿高额奖金、还分红，那是不合理的。（2013年7月18日，在中央政

治局第 28 次常委会关于安全生产工作的重要讲话）

所有企业都必须认真履行安全生产主体责任，做到安全投入到位、安全培训到位、基础管理到位、应急救援到位，确保安全生产。（2013 年 11 月 24 日，在青岛中石化"11·22"东黄输油管线爆燃事故现场强调）

必须建立健全安全生产责任体系，强化企业主体责任，深化安全生产大检查，认真吸取教训，注重举一反三，全面加强安全生产工作。（2013 年 11 月 24 日，在青岛中石化"11·22"东黄输油管线爆燃事故现场强调）

要切实抓好安全生产，坚持以人为本、生命至上，全面抓好安全生产责任制和管理、防范、监督、检查、奖惩措施的落实，细化落实各级党委和政府的领导责任、相关部门的监管责任、企业的主体责任，深入开展专项整治，切实消除隐患。（2015 年 5 月 29 日，在十八届中央政治局第二十三次集体学习时的重要讲话）

血的教训极其深刻，必须牢牢记取。各生产单位要强化安全生产第一意识，落实安全生产主体责任，加强安全生产基础能力建设，坚决遏制重特大安全生产事故发生。（2015 年 8 月 15 日，就切实做好安全生产工作作出重要指示）

各生产单位要强化安全生产第一意识，落实安全生产主体责任，加强安全生产基础能力建设，坚决遏制重特大安全生产事故发生。（2015 年 8 月 15 日，就切实做好安全生产工作作出重要指示）

1.1.4 关于加强监管，压实安全责任

当干部不要当得那么潇洒，要经常临事而惧。这是一种负责任的态度。要经常有睡不着觉、半夜惊醒的情况。当官当得太潇洒，准要出事。（2013 年 7 月 18 日，在中央政治局第 28 次常委会关于安全生产工作的重要讲话）

安全生产，要坚持防患于未然。要继续开展安全生产大检查。做

到"全覆盖、零容忍、严执法、重实效"。要采用不发通知、不打招呼、不听汇报、不用陪同和接待，直奔基层、直插现场，暗查暗访。特别是要深查地下油气管网这样的隐蔽致灾隐患。要加大隐患整改治理力度，建立安全生产检查工作负责制，实行谁检查、谁签字、谁负责，做到不打折扣、不留死角、不走过场，务必见到成效。（2013年11月24日，在青岛中石化"11·22"东黄输油管线爆燃事故现场强调）

各级安全监管监察部门要牢固树立发展决不能以牺牲安全为代价的红线意识，以防范和遏制重特大事故为重点，坚持标本兼治、综合治理、系统建设，统筹推进安全生产领域改革发展。（2016年10月31日，在全国安全生产监管监察系统先进集体和先进工作者表彰大会作出重要指示）

各级党委和政府务必把安全生产摆到重要位置，树牢安全发展理念，绝不能只重发展不顾安全，更不能将其视作无关痛痒的事，搞形式主义、官僚主义。要针对安全生产事故主要特点和突出问题，层层压实责任，狠抓整改落实，强化风险防控，从根本上消除事故隐患，有效遏制重特大事故发生。（2020年4月，对安全生产作出重要指示）

各地区和有关部门要始终坚持人民至上、生命至上，压实安全生产责任，全面排查整治各类风险隐患，坚决防范和遏制重特大事故发生。（2022年11月22日，在对2022年11月21日发生的河南安阳市凯信达商贸有限公司火灾事故作出的重要指示中再次强调）

1.1.5　关于加快依法治理安全生产

必须强化依法治理，用法治思维和法治手段解决安全生产问题，加快安全生产相关法律法规制定修订，加强安全生产监管执法，强化基层监管力量，着力提高安全生产法治化水平。（2015年12月24日，在中共中央政治局常委会会议上发表重要讲话）

抓紧研究制定应急管理、自然灾害防治、应急救援组织、国家消防救援人员、危险化学品安全等方面的法律法规，加强安全生产监管执法工作。（2019年11月29日，在中央政治局第十九次集体学习时强调）

坚持安全第一、预防为主，建立大安全大应急框架，完善公共安全体系，推动公共安全治理模式向事前预防转型。推进安全生产风险专项整治，加强重点行业、重点领域安全监管。提高防灾减灾救灾和重大突发公共事件处置保障能力，加强国家区域应急力量建设。（2022年10月16日，在党的二十大报告中指出）

1.2 党和国家的方针政策

1.2.1 推进安全生产领域改革发展

党和国家始终高度重视安全生产工作，特别是党的十八大以来，习近平总书记把安全发展摆在治国理政的高度进行整体谋划推进，提出了一系列安全生产工作的新思想、新观点、新思路。在党中央、国务院的坚强领导和各地区、各部门的共同努力下，全国安全生产水平稳步提高，实现了事故总量、较大事故、重特大事故持续减少。

近年来，我国从法律法规、机制建设等多方面，坚持多措并举、联动各方合力，狠抓安全教育培训落实、安全风险隐患双预控、安全生产执法检查等，大力推进安全应急体系建设，推动安全产业良好发展。

《中共中央国务院关于推进安全生产领域改革发展的意见》（以下简称《意见》或"中央关于安全生产改革意见"），是历史上第一个以党中央、国务院名义印发的安全生产文件，是当前和今后一个时期指导我国安全生产工作的行动纲领。

《意见》指出，安全生产是关系人民群众生命财产安全的大事，是经济社会协调健康发展的标志，是党和政府对人民利益高度负责的要求。党中央、国务院历来高度重视安全生产工作，党的十八大以来作出一系列重大决策部署，推动全国安全生产工作取得积极进展。同时也要看到，当前我国正处在工业化、城镇化持续推进过程中，生产经营规模不断扩大，传统和新型生产经营方式并存，各类事故隐患和安全风险交织叠加，安全生产基础薄弱、监管体制机制和法律制度不完善、企业主体责任落实不力等问题依然突出，生产安全事故易发多发，尤其是重特大安全事故频发势头尚未得到有效遏制，一些事故发生呈现由高危行业领域向其他行业领域蔓延趋势，直接危及生产安全和公共安全。

1.2.2 我国安全生产的基本原则

《意见》确立了我国安全生产的基本原则。

（1）坚持安全发展。

贯彻以人民为中心的发展思想，始终把人的生命安全放在首位，正确处理安全与发展的关系，大力实施安全发展战略，为经济社会发展提供强有力的安全保障。

（2）坚持改革创新。

不断推进安全生产理论创新、制度创新、体制机制创新、科技创新和文化创新，增强企业内生动力，激发全社会创新活力，破解安全生产难题，推动安全生产与经济社会协调发展。

（3）坚持依法监管。

大力弘扬社会主义法治精神，运用法治思维和法治方式，深化安全生产监管执法体制改革，完善安全生产法律法规和标准体系，严格规范公正文明执法，增强监管执法效能，提高安全生产法治化水平。

（4）坚持源头防范。

严格安全生产市场准入，经济社会发展要以安全为前提，把安全生产贯穿城乡规划布局、设计、建设、管理和企业生产经营活动全过程。构建风险分级管控和隐患排查治理双重预防工作机制，严防风险演变、隐患升级导致生产安全事故发生。

（5）坚持系统治理。

严密层级治理和行业治理、政府治理、社会治理相结合的安全生产治理体系，组织动员各方面力量实施社会共治。综合运用法律、行政、经济、市场等手段，落实人防、技防、物防措施，提升全社会安全生产治理能力。

1.2.3 压实安全生产责任

《意见》把健全落实安全生产责任制作为排在第一位的任务。

（1）明确地方党委和政府领导责任。

《意见》提出，坚持党政同责、一岗双责、齐抓共管、失职追责，完善安全生产责任体系。地方各级党委和政府要始终把安全生产摆在重要位置，加强组织领导。党政主要负责人是本地区安全生产第一责任人，班子其他成员对分管范围内的安全生产工作负领导责任。地方各级安全生产委员会主任由政府主要负责人担任，成员由同级党委和政府及相关部门负责人组成。

（2）明确部门监管责任。

按照管行业必须管安全、管业务必须管安全、管生产经营必须管安全和谁主管谁负责的原则，厘清安全生产综合监管与行业监管的关系，明确各有关部门安全生产和职业健康工作职责，并落实到部门工作职责规定中。安全生产监督管理部门负责安全生产法规标准和政策规划制定修订、执法监督、事故调查处理、应急救援管理、统计分析、宣传教育培训等综合性工作，承担职责范围内行业领域安全生产和职业健康监管执法职责。负有安全生产监督管理职责的有关部门依法依规履行相关行业领域安全生产和职业健康监管职责，强化监管执法，严厉查处违法违规行为。其他行业领域主管部门负有安全管理责任，要将安全生产工作作为行业领域管理的重要内容，从行业规划、产业政策、法规标准、行政许可等方面加强行业安全生产工作，指导督促企事业单位加强安全管理。党委和政府其他有关部门要在职责范围内为安全生产工作提供支持保障，共同推进安全发展。

（3）严格压实企业主体责任。

《意见》要求，企业对本单位安全生产和职业健康工作负全面责任，要严格履行安全生产法定责任，建立健全自我约束、持续改进的内生机制。企业实行全员安全生产责任制度，法定代表人和实际控制人同为安全生产第一责任人，主要技术负责人负有安全生产技术决策和指挥权，强化部门安全生产职责，落实一岗双责。完善落实混合所有制企业及跨地区、多层级和境外中资企业投资主体的安全生产责任。建立企业全过程安全生产和职业健康管理制度，做到安全责任、管理、投入、培训和应急救援"五到位"。国有企业要发挥安全生产工作示范带头作用，自觉接受属地监管。

（4）健全责任考核机制。

建立与全面建成小康社会相适应和体现安全发展水平的考核评价体系。完善考核制度，统筹整合、科学设定安全生产考核指标，加大安全生产在社会治安综合治理、精神文明建设等考核中的权重。各级政府要对同级安全生产委员会成员单位和下级政府实施严格的安全生产工作责任考核，实行过程考核与结果考核相结合。各地区、各单位要建立安全生产绩效与履职评定、职务晋升、奖励惩处挂钩制度，严格落实安全生产"一票否决"制度。

（5）严格责任追究制度。

《意见》提出，实行党政领导干部任期安全生产责任制，日常工作依责尽职、发生事故依责追究。依法依规制定各有关部门安全生产责任和权力清单，尽职照单免责、失职照单问责。建立企业生产经营全过程安全责任追溯制度。严肃查处安全生产领域项目审批、行政许可、监管执法中的失职渎职和权钱交易等腐败行为。严格事故直报制度，对瞒报、谎报、漏报、迟报事故的单位和个人依法依规追责。对被追究刑事责任的生产经营者依法实施相应的职业禁入，对事故发生负有重大责任的社会服务机构和人员依法严肃追究其法律责任，并依法实施相应的行业禁入。

（6）争取到2035年基本实现安全生产治理体系和治理能力现代化。

2022年4月，国务院安全生产委员会（简称"**安委会**"）印发《"十四五"国家安全生产规划》。规划提出，到2025年，防范化解重大安全风险体制机制不断健全，重大安全风险防控能力大幅提升，安全生产形势趋稳向好，生产安全事故总量持续下降，危险化学品、矿山、消防、交通运输、建筑施工等重点领域重特大事故得到有效遏制，经济社会发展安全保障更加有力，人民群众安全感明显增强。到2035年，安全生产治理体系和治理能力现代化基本实现，安全生产保障能力显著增强，全民安全文明素质全面提升，人民群众安全感更加充实、更有保障、更可持续。

② 经济责任：企业和员工的理性选择

2.1 安全投入与事故损失的关系 [①]

企业职工伤亡事故经济损失图示如图 1-1 所示。

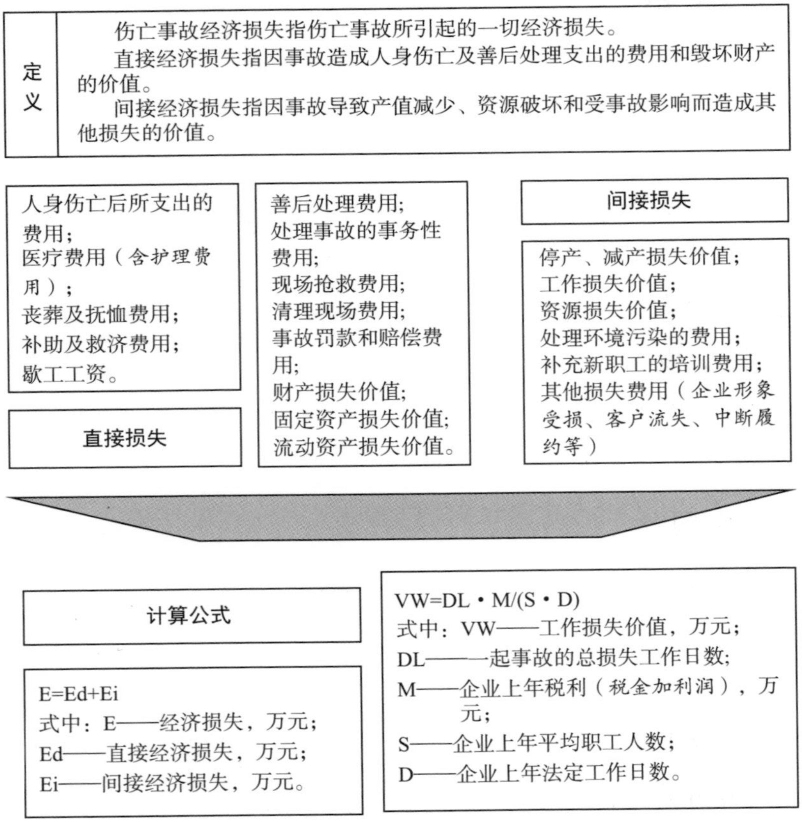

定义	伤亡事故经济损失指伤亡事故所引起的一切经济损失。 直接经济损失指因事故造成人身伤亡及善后处理支出的费用和毁坏财产的价值。 间接经济损失指因事故导致产值减少、资源破坏和受事故影响而造成其他损失的价值。

人身伤亡后所支出的费用；
医疗费用（含护理费用）；
丧葬及抚恤费用；
补助及救济费用；
歇工工资。

善后处理费用；
处理事故的事务性费用；
现场抢救费用；
清理现场费用；
事故罚款和赔偿费用；
财产损失价值；
固定资产损失价值；
流动资产损失价值。

间接损失

停产、减产损失价值；
工作损失价值；
资源损失价值；
处理环境污染的费用；
补充新职工的培训费用；
其他损失费用（企业形象受损、客户流失、中断履约等）

直接损失

计算公式

$E=Ed+Ei$
式中：E——经济损失，万元；
Ed——直接经济损失，万元；
Ei——间接经济损失，万元。

$VW=DL \cdot M/(S \cdot D)$
式中：VW——工作损失价值，万元；
DL——起事故的总损失工作日数；
M——企业上年税利（税金加利润），万元；
S——企业上年平均职工人数；
D——企业上年法定工作日数。

图 1-1　企业职工伤亡事故经济损失图示

---

① 祁有红，祁有金：《第一管理——企业安全生产的无上法则（全新升级版）》，北京，北京出版社，2009.06。

说明	固定资产损失价值按下列情况计算。 报废的固定资产，以固定资产净值减去残值计算； 损坏的固定资产，以修复费用计算。 流动资产损失价值按下列情况计算。 原材料、燃料、辅助材料等均按账面值减去残值计算； 成品、半成品、在制品等均以企业实际成本减去残值计算。 事故已处理结案而未能结算的医疗费、歇工工资等，采用测算方法计算。 对分期支付的抚恤、补助等费用，按审定支出的费用，从开始支付日期累计到停发日期。 停产、减产损失，按事故发生之日起到恢复正常生产水平时止，计算其损失的价值。

图 1-1　企业职工伤亡事故经济损失图示（续）

2.2　《安全生产法》的经济处罚规定

2014 年 8 月，《安全生产法》第二次修正被当时的媒体称为"史上最严"，对事故责任单位的罚款最高可达 2000 万元。2021 年 6 月，《安全生产法》再次修正，各界反映是"更高、更严、更大"。

（1）罚款金额更高。

对特别重大事故虽然仍处 1000 万元以上 2000 万元以下的罚款，但进一步规定，发生生产安全事故，情节特别严重、影响特别恶劣的，应急管理部门可以按照前款罚款数额的 2 倍以上 5 倍以下对负有责任的生产经营单位处以罚款，意味着最高可以达到 1 亿元；

（2）处罚方式更严。

违法行为一经发现，即责令整改并处罚款，拒不整改的，责令停产停业整顿，并且可以按日连续计罚；

（3）惩戒力度更大。

采取联合惩戒方式，最严重的要进行行业或者职业禁入等联合惩戒。

2021 年 6 月修正的《安全生产法》，对于如下违法情形，除责令限期改正外，还给予一定的经济处罚（见表 1-1）。

表1-1 违反《安全生产法》经济处罚

类别	违法情形	首次检查	逾期不到位
组织机构和职责	主要负责人未履行安全管理职责的	处二万元以上五万元以下的罚款	逾期未改正的,处五万元以上十万元以下的罚款,责令生产经营单位停产停业整顿
	生产经营单位的其他负责人和安全管理人员未履行本法规定的安全管理职责的	处一万元以上三万元以下的罚款	导致发生生产安全事故的,暂停或吊销其与安全生产有关的资格,并处上一年年收入百分之二十以上百分之五十以下的罚款;构成犯罪的,依照刑法有关规定追究刑事责任
	未按照规定设置安全管理机构或配备安全管理人员的	处十万元以下的罚款	责令停产停业整顿,并处十万元以上二十万元以下的罚款,对其直接负责的主管人员和其他直接责任人员处二万元以上五万元以下的罚款
安全投入	决策机构、主要负责人或个人经营的投资人不依照本法规定保证安全生产所必需的资金投入,致使生产经营单位不具备安全生产条件的	提供必需的资金	责令生产经营单位停产停业整顿
制度规程	生产、经营、运输、储存、使用危险物品或处置废弃危险物品,未建立专门安全管理制度、未采取可靠的安全措施的	处十万元以下的罚款	责令停产停业整顿,并处十万元以上二十万元以下的罚款,对其直接负责的主管人员和其他直接责任人员处二万元以上五万元以下的罚款

类别	违法情形	首次检查	逾期不到位
制度规程	未建立事故隐患排查治理制度的； 未建立安全风险分级管控制度或者未按照安全风险分级采取相应管控措施的	可以处十万元以下的罚款	责令停产停业整顿，并处十万元以上二十万元以下的罚款，对其直接负责的主管人员和其他直接责任人员处二万元以上五万元以下的罚款
	与从业人员订立协议，免除或者减轻其对从业人员因生产安全事故伤亡依法应承担的责任的	该协议无效；对生产经营单位的主要负责人、个人经营的投资人处二万元以上十万元以下的罚款	
教育培训	危险物品的生产、经营、储存单位及矿山、金属冶炼、建筑施工、道路运输单位的主要负责人和安全管理人员未按照规定经考核合格的	可以处十万元以下的罚款	责令停产停业整顿，并处十万元以上二十万元以下的罚款，对其直接负责的主管人员和其他直接责任人员处二万元以上五万元以下的罚款
	未按照规定对从业人员、被派遣劳动者、实习学生进行安全生产教育和培训，或者未按照规定如实告知有关的安全生产事项的	可以处十万元以下的罚款	责令停产停业整顿，并处十万元以上二十万元以下的罚款，对其直接负责的主管人员和其他直接责任人员处二万元以上五万元以下的罚款
	未如实记录安全生产教育和培训情况的		
	特种作业人员未按照规定经专门的安全作业培训并取得相应资格，上岗作业的		

续表

类别	违法情形	首次检查	逾期不到位
设备设施	未按照规定对矿山、金属冶炼建设项目或用于生产、储存、装卸危险物品的建设项目进行安全评价的	责令停止建设或停产停业整顿，限期改正，并处十万元以上五十万元以下的罚款，对其直接负责的主管人员和其他直接责任人员处二万元以上五万元以下的罚款	处五十万元以上一百万元以下的罚款，对其直接负责的主管人员和其他直接责任人员处五万元以上十万元以下的罚款；构成犯罪的，依照刑法有关规定追究刑事责任
	矿山、金属冶炼建设项目或用于生产、储存、装卸危险物品的建设项目没有安全设施设计或安全设施设计未按照规定报经有关部门审查同意的		
	矿山、金属冶炼建设项目或用于生产、储存、装卸危险物品的建设项目的施工单位未按照批准的安全设施设计施工的		
	矿山、金属冶炼建设项目或用于生产、储存危险物品的建设项目竣工投入生产或使用前，安全设施未经验收合格的		
	未在有较大危险因素的生产经营场所和有关设施、设备上设置明显的安全警示标志的	处五万元以下的罚款	处五万元以上二十万元以下的罚款，对其直接负责的主管人员和其他直接责任人员处一万元以上二万元以下的罚款；情节严重的，责令停产停业整顿
	安全设备的安装、使用、检测、改造和报废不符合国家标准或行业标准的		
	未对安全设备进行经常性维护、保养和定期检测的		

续表

类别	违法情形	首次检查	逾期不到位
设备设施	未为从业人员提供符合国家标准或行业标准的劳动防护用品的	可以处五万元以下的罚款	处五万元以上二十万元以下的罚款，对其直接负责的主管人员和其他直接责任人员处一万元以上二万元以下的罚款；情节严重的，责令停产停业整顿
	危险物品的容器、运输工具，以及涉及人身安全、危险性较大的海洋石油开采特种设备和矿山井下特种设备未经具有专业资质的机构检测、检验合格，取得安全使用证或安全标志，投入使用的		
	使用应当淘汰的危及生产安全的工艺、设备的		
	生产、经营、储存、使用危险物品的车间、商店、仓库与员工宿舍在同一座建筑内，或者与员工宿舍的距离不符合安全要求的	处五万元以下的罚款，对其直接负责的主管人员和其他直接责任人员处一万元以下的罚款	责令停产停业整顿；构成犯罪的，依照刑法有关规定追究刑事责任
	生产经营场所和员工宿舍未设有符合紧急疏散需要、标志明显、保持畅通的出口，或者锁闭、封堵生产经营场所或员工宿舍出口的		

类别	违法情形	首次检查	逾期不到位
作业安全	进行爆破、吊装、动火、临时用电，以及国务院应急管理部门会同国务院有关部门规定的其他危险作业，未安排专门人员进行现场安全管理的	可以处十万元以下的罚款	责令停产停业整顿，并处十万元以上二十万元以下的罚款，对其直接负责的主管人员和其他直接责任人员处二万元以上五万元以下的罚款
	将生产经营项目、场所、设备发包或出租给不具备安全生产条件或相应资质的单位或个人的		没收违法所得；违法所得十万元以上的，并处违法所得二倍以上五倍以下的罚款；没有违法所得或违法所得不足十万元的，单处或并处十万元以上二十万元以下的罚款；对其直接负责的主管人员和其他直接责任人员处一万元以上二万元以下的罚款；导致发生生产安全事故给他人造成损害的，与承包方、承租方承担连带赔偿责任
	未与承包单位、承租单位签订专门的安全管理协议或未在承包合同、租赁合同中明确各自的安全管理职责，或者未对承包单位、承租单位的安全生产统一协调、管理的	可以处五万元以下的罚款，对其直接负责的主管人员和其他直接责任人员可以处一万元以下的罚款	责令停产停业整顿
	两个以上生产经营单位在同一作业区域内进行可能危及对方安全生产的生产经营活动，未签订安全管理协议或未指定专职安全管理人员进行安全检查与协调的	可以处五万元以下的罚款，对其直接负责的主管人员和其他直接责任人员可以处一万元以下的罚款	责令停产停业整顿

续表

类别	违法情形	首次检查	逾期不到位
隐患排查治理	未将事故隐患排查治理情况如实记录或未向从业人员通报的	可以处十万元以下的罚款	责令停产停业整顿，并处十万元以上二十万元以下的罚款，对其直接负责的主管人员和其他直接责任人员处二万元以上五万元以下的罚款
	未采取措施消除事故隐患的	责令立即消除或限期消除	
	生产经营单位拒不执行（立即消除或限期消除隐患指令）的	责令停产停业整顿，并处十万元以上五十万元以下的罚款，对其直接负责的主管人员和其他直接责任人员处二万元以上五万元以下的罚款	
	拒绝、阻碍负有安全生产监督管理职责的部门依法实施监督检查的	责令改正；拒不改正的，处二万元以上二十万元以下的罚款；对其直接负责的主管人员和其他直接责任人员处一万元以上二万元以下的罚款	
重大危险源管理	对重大危险源未登记建档，或者未进行评估、监控，或者未制定应急预案的	可以处十万元以下的罚款	责令停产停业整顿，并处十万元以上二十万元以下的罚款，对其直接负责的主管人员和其他直接责任人员处二万元以上五万元以下的罚款
应急救援	未按照规定制定生产安全事故应急救援预案或未定期组织演练的	可以处十万元以下的罚款	责令停产停业整顿，并处十万元以上二十万元以下的罚款，对其直接负责的主管人员和其他直接责任人员处二万元以上五万元以下的罚款

续表

类别	违法情形	首次检查	逾期不到位
事故管理	主要负责人在本单位发生生产安全事故时，不立即组织抢救或在事故调查处理期间擅离职守或逃匿的	给予降级、撤职的处分，并由安全生产监督管理部门处上一年年收入百分之六十至百分之一百的罚款；对逃匿的处十五日以下拘留；构成犯罪的，依照刑法有关规定追究刑事责任。生产经营单位主要负责人对生产安全事故隐瞒不报、谎报或迟报的，依照前款规定处罚	

2.3 《消防法》涉及的经济处罚

《消防法》对于违法情形，除了经济处罚外（见**表 1-2**），还会给予行政拘留等处罚，直至追究刑事责任。

表 1-2 违反《消防法》部分经济处罚

类别	违法情形	处罚
申报、备案、验收	依法应当进行消防设计审查的建设工程，未经依法审查或审查不合格，擅自施工的； 依法应当进行消防验收的建设工程，未经消防验收或消防验收不合格，擅自投入使用的； 公众聚集场所未经消防救援机构许可，擅自投入使用、营业的，或者经核查发现场所使用、营业情况与承诺内容不符的。 核查发现公众聚集场所使用、营业情况与承诺内容不符，经责令限期改正，逾期不整改或整改后仍达不到要求的，依法撤销相应许可	并处三万元以上三十万元以下罚款
	建设单位未依照本法规定在验收后报住房和城乡建设主管部门备案的	处五千元以下罚款

续表

类别	违法情形	处罚
设计施工质量	建设单位要求建筑设计单位或建筑施工企业降低消防技术标准设计、施工的； 建筑设计单位不按照消防技术标准强制性要求进行消防设计的； 建筑施工企业不按照消防设计文件和消防技术标准施工，降低消防施工质量的； 工程监理单位与建设单位或建筑施工企业串通，弄虚作假，降低消防施工质量的	处一万元以上十万元以下罚款
消防设施、器材、标志、及通道	消防设施、器材或消防安全标志的配置、设置不符合国家标准、行业标准，或者未保持完好有效的； 损坏、挪用或擅自拆除、停用消防设施、器材的； 占用、堵塞、封闭疏散通道、安全出口或有其他妨碍安全疏散行为的； 埋压、圈占、遮挡消火栓或占用防火间距的； 占用、堵塞、封闭消防车通道，妨碍消防车通行的； 人员密集场所在门窗上设置影响逃生和灭火救援的障碍物的； 对火灾隐患经消防救援机构通知后不及时采取措施消除的	单位处五千元以上五万元以下罚款；个人有前款第二项、第三项、第四项、第五项行为之一的，处警告或五百元以下罚款
生产、储存、经营	生产、储存、经营易燃易爆危险品的场所与居住场所设置在同一建筑物内，或者未与居住场所保持安全距离的	处五千元以上五万元以下罚款
	生产、储存、经营其他物品的场所与居住场所设置在同一建筑物内，不符合消防技术标准的	
违反规程	违反消防安全规定进入生产、储存易燃易爆危险品场所的； 违反规定使用明火作业或在具有火灾、爆炸危险的场所吸烟、使用明火的	处警告或五百元以下罚款
其他	……	……

❸ 刑事责任：人命关天，做不好安全坐牢房

3.1 《刑法》涉及安全生产的 16 宗罪

有关安全生产犯罪规定汇总如表 1-3 所示。

表 1-3　有关安全生产犯罪规定汇总

序号	罪名	《刑法》规定
1	危险作业罪	在生产、作业中违反有关安全管理的规定，有下列情形之一，具有发生重大伤亡事故或其他严重后果的现实危险的，处一年以下有期徒刑、拘役或管制：涉及安全生产的事项未经依法批准或许可，擅自从事矿山开采、金属冶炼、建筑施工，以及危险物品生产、经营、储存等高度危险的生产作业活动的
2	重大责任事故罪	在生产、作业中违反有关安全管理的规定，因而发生重大伤亡事故或造成其他严重后果的，处三年以下有期徒刑或拘役；情节特别恶劣的，处三年以上七年以下有期徒刑
3	强令、组织他人违章冒险作业罪	强令他人违章冒险作业，或者明知存在重大事故隐患而不排除，仍冒险组织作业，因而发生重大伤亡事故或造成其他严重后果的，处五年以下有期徒刑或者拘役；情节特别恶劣的，处五年以上有期徒刑
4	重大劳动安全事故罪	安全生产设施或安全生产条件不符合国家规定，因而发生重大伤亡事故或造成其他严重后果的，对直接负责的主管人员和其他直接责任人员，处三年以下有期徒刑或拘役；情节特别恶劣的，处三年以上七年以下有期徒刑

续表

序号	罪名	《刑法》规定
5	大型群众性活动重大安全事故罪	举办大型群众性活动违反安全管理规定，因而发生重大伤亡事故或造成其他严重后果的，对直接负责的主管人员和其他直接责任人员，处三年以下有期徒刑或拘役；情节特别恶劣的，处三年以上七年以下有期徒刑
6	危险物品肇事罪	违反爆炸性、易燃性、放射性、毒害性、腐蚀性物品的管理规定，在生产、储存、运输、使用中发生重大事故，造成严重后果的，处三年以下有期徒刑或拘役；后果特别严重的，处三年以上七年以下有期徒刑
7	过失损坏易燃易爆设备罪	犯过失损坏易燃易爆设备罪的，处三年以上七年以下有期徒刑；情节较轻的，处三年以下有期徒刑或拘役
8	不报或谎报事故罪	在安全事故发生后，负有报告职责的人员不报或谎报事故情况，贻误事故抢救，情节严重的，处三年以下有期徒刑或拘役；情节特别严重的，处三年以上七年以下有期徒刑
9	工程重大安全事故罪	建设单位、设计单位、施工单位、工程监理单位违反国家规定，降低工程质量标准，造成重大安全事故的，对直接责任人员，处五年以下有期徒刑或拘役，并处罚金；后果特别严重的，处五年以上十年以下有期徒刑，并处罚金
10	消防责任事故罪	经消防监督机构通知采取改正措施而拒绝执行，造成严重后果的，对直接责任人员，处三年以下有期徒刑或拘役；后果特别严重的，处三年以上七年以下有期徒刑
11	重大飞行事故罪	航空人员违反规章制度，致使发生重大飞行事故，造成严重后果的，处三年以下有期徒刑或拘役；造成飞机坠毁或人员死亡的，处三年以上七年以下有期徒刑

续表

序号	罪名	《刑法》规定
12	铁路运营安全事故罪	铁路职工违反规章制度，致使发生铁路运营安全事故，造成严重后果的，处三年以下有期徒刑或拘役；造成特别严重后果的，处三年以上七年以下有期徒刑
13	教育设施重大安全事故罪	明知校舍或教育教学设施有危险，而不采取措施或不及时报告，致使发生重大伤亡事故的，对直接责任人员，处三年以下有期徒刑或拘役；后果特别严重的，处三年以上七年以下有期徒刑
14	交通肇事罪	犯交通肇事罪的，处三年以下有期徒刑或拘役；交通运输肇事后逃逸或有其他特别恶劣情节的，处三年以上七年以下有期徒刑，因逃逸致人死亡的，处七年以上有期徒刑
15	提供虚假证明文件罪	承担资产评估、验资、验证、会计、审计、法律服务、保荐、安全评价、环境影响评价、环境监测等职责的中介组织的人员故意提供虚假证明文件，情节严重的，处五年以下有期徒刑或拘役，并处罚金；有下列情形之一的，处五年以上十年以下有期徒刑，并处罚金。 （一）提供与证券发行相关的虚假的资产评估、会计、审计、法律服务、保荐等证明文件，情节特别严重的； （二）提供与重大资产交易相关的虚假的资产评估、会计、审计等证明文件，情节特别严重的； （三）在涉及公共安全的重大工程、项目中提供虚假的安全评价、环境影响评价等证明文件，致使公共财产、国家和人民利益遭受特别重大损失的。 有前款行为，同时索取他人财物或非法收受他人财物构成犯罪的，依照处罚较重的规定定罪处罚

续表

序号	罪名	《刑法》规定
16	环境污染罪	违反国家规定，排放、倾倒或处置有放射性的废物、含传染病病原体的废物、有毒物质或其他有害物质，严重污染环境的，处三年以下有期徒刑或拘役，并处或单处罚金；情节严重的，处三年以上七年以下有期徒刑，并处罚金；有下列情形之一的，处七年以上有期徒刑，并处罚金。 （一）在饮用水水源保护区、自然保护地核心保护区等依法确定的重点保护区域排放、倾倒、处置有放射性的废物、含传染病病原体的废物、有毒物质，情节特别严重的； （二）向国家确定的重要江河、湖泊水域排放、倾倒、处置有放射性的废物、含传染病病原体的废物、有毒物质，情节特别严重的； （三）致使大量永久基本农田基本功能丧失或遭受永久性破坏的； （四）致使多人重伤、严重疾病，或者致人严重残疾、死亡的。 有前款行为，同时构成其他犯罪的，依照处罚较重的规定定罪处罚

3.2 《安全生产法》较之以往更为严厉

3.2.1 未出事故也可能被追刑责

2021年6月修订的《安全生产法》，较之修订前，无论从经济处罚的数额，还是追究刑事责任的情节依据，都大幅提高，尤其是对于特大事故的处罚，更是达到了空前严厉的程度。

① 新《安全生产法》中关于刑罚最大的特点是"未出事故也将追究刑责"。第一百零二条："生产经营单位未采取措施消除事故隐患的，责令立即消除或限期消除，处五万元以下的罚款；生产经营单位拒不执行的，责令停产停业整顿，对其直接负责的主管人员和其他直接责任人员处五万元以上十万元以下的罚款。"

构成犯罪的，依照刑法有关规定追究刑事责任。

② 另一大特点，新增可追究刑事责任的违法项：矿山、金属冶炼建设项目和用于生产、储存、装卸危险物品的建设项目的施工单位未按照规定对施工项目进行安全管理的，责令限期改正，处十万元以下的罚款，对其直接负责的主管人员和其他直接责任人员处二万元以下的罚款；逾期未改正的，责令停产停业整顿。

以上施工单位倒卖、出租、出借、挂靠或以其他形式非法转让施工资质的，责令停产停业整顿，吊销资质证书，没收违法所得；违法所得十万元以上的，并处违法所得二倍以上五倍以下的罚款；没有违法所得或违法所得不足十万元的，单处或并处十万元以上二十万元以下的罚款；对其直接负责的主管人员和其他直接责任人员处五万元以上十万元以下的罚款。

构成犯罪的，依照刑法有关规定追究刑事责任。

3.2.2　强化全员安全生产责任制和生产经营单位的主体责任

建立全员安全生产责任制，切实将安全生产责任落实到每一个部门、每一个岗位、每一个员工。确保生产经营单位的安全生产责任制落实到位，规定生产经营单位应当建立健全全员安全生产责任制和安全生产规章制度，加大投入保障力度，改善安全生产条件，加强标准化建设，构建安全风险分级管控和隐患排查治理双重预防体系，健全风险防范化解机制。明确生产经营单位的主要负责人是本单位安全生产第一责任人，其他负责人对职责范围内的安全生产工作负责。

对生产经营单位及其负责人安全生产违法行为的处罚力度进一步加大。

① 普遍提高了对违法行为的罚款数额。对特别重大事故的罚款，最高可以达到1亿元。处罚方式更严。违法行为一经发现，即责令整改并处罚款，拒不整改的，责令停产停业整顿，拒不改正的，监管部门可以按日连续处罚。

② 针对安全生产领域"屡禁不止、屡罚不改"等问题，加大对违法行为恶劣的生产经营单位关闭力度，依法吊销有关证照，对主要负责人实施职业禁入。惩戒力度更大。

③ 加大对违法失信行为的联合惩戒和公开力度，规定监管部门发现生产经营单位未按规定履行公示义务的，予以联合惩戒；有关部门和机构对存在失信行为的单位及人员采取联合惩戒措施，并向社会公示。

④ 增加安全生产领域公益诉讼制度。规定因安全生产违法行为造成重大事故隐患或导致重大事故，致使国家利益或社会公共利益受到侵害的，人民检察院可以根据民事诉讼法、行政诉讼法的相关规定提起公益诉讼。

通过"利剑高悬"，有效打击震慑违法企业，保障守法企业的合法权益。

3.3 其他安全法律追究刑事责任

除了《安全生产法》《劳动法》《煤炭法》《矿山安全法》《建筑法》《电力法》《消防法》《海上交通安全法》等法律，由国务院颁布的《生产安全事故报告和调查处理条例》《危险化学品安全管理条例》《企业安全监察条例》《铁路运输安全保护条例》等行政法规，对于情节严重的违法行为，均有追究刑事责任的条款。

④ 案例：被拘留，担刑责，代价沉重

4.1 案例的选取理由及相关法律规定

违反安全规定给予行政拘留或追究刑事责任的条款有很多，我们只选取特种作业人员持证上岗来看法律的严肃性。近年来，切割焊接作业引起的火灾事故很多，动火作业审批程序、作业人员持证上岗等违反安全规定是其主要原因。我们选取相关的法律规定和案例，让读者感受到法律面前违法失去人身自由的沉重代价。

① 《安全生产法》规定："生产经营单位的特种作业人员必须按照国家有关规定经专门的安全作业培训，取得相应资格，方可上岗作业。"

② 《消防法》规定："禁止在具有火灾、爆炸危险的场所吸烟、使用明火。因施工等特殊情况需要使用明火作业的，应当按照规定事先办理审批手续，采取相应的消防安全措施；作业人员应当遵守消防安全规定。进行电焊、气焊等火灾危险作业的人员和自动消防系统的操作人员，必须持证上岗，并遵守消防安全操作规程。"

对于违反消防安全规定进入生产、储存易燃易爆危险品场所的；违反规定使用明火作业或在具有火灾、爆炸危险的场所吸烟、使用明火的；指使或强令他人违反消防安全规定、冒险作业的；过失引起火灾的；在火灾发生后阻拦报警，或者负有报告职责的人员不及时报警的；扰乱火灾现场秩序，或者拒不执行火灾现场指挥员指挥，影响灭火救援的；故意破坏或伪造火灾现场的；擅自拆封或使用被消防救援机构查封的场所、部位的，《消防法》分别做出了处 5 日以下拘留或处 10 日以上 15 日以下拘留等规定。

4.2 动火票违规，总经理等5人被拘，多名官员被撤职

因一张违规作业票，天津汇洋石油储运公司重大安全隐患责任人被处理，总经理等5人被拘留。因事件的典型性，被中央纪委国家监委网站通报。

2020年8月8日，天津汇洋石油储运公司委托天津市大滩机电工程公司对二号装卸车站台原有弃用管线进行电气焊作业。天津汇洋石油储运公司总经理韩某、储运部负责人赵某某、安监部负责人刘某、机电部负责人（现场监火员）马某某违规开具《动火安全作业证》。随后，电焊工唐某某进场作业，现场监火员马某某擅自离开现场。经滨海新区应急管理局前期调查，确认该作业存在违规使用明火作业的违法行为，情节严重，涉嫌违反《消防法》，移送公安机关处理。滨海新区公安局对上述5人依法行政拘留。

依据联合调查组核查结果及相关法律法规，经天津市纪委研究并报市委常委会批准，对相关责任人及单位作出严肃处理：给予时任市交通运输委党委书记、主任王魁臣诫勉处理；给予主管领导党委委员、副主任刘道刚党内严重警告、政务记大过处分。

同时，市港航管理局党组书记、局长张立国，港航管理局主管领导党组成员、副局长王向亭，港航管理局南疆管理处副处长陈立峰3人，均受到撤职等处分。

4.3 无证上岗，责任人直接被拘留

无证上岗，按照法律规定要受到罚款拘留惩处。即使持证，如果属于离岗半年以上没有进行重新考试就上岗，没有按照规定要求复审或换

证,伪造、涂改、转借他人焊工证这三种行为之一的,也会受到相应处罚,甚至依法顶格处罚。

4.3.1 上海市松江区

2022年6月22日上午,上海市松江公安分局永丰派出所民警在辖区进行消防检查时,看到一家企业内有工人在用连着二氧化碳的钢瓶电焊固定支架的角铁,电焊的火星弹到了其工作服上,导致工作服有很多烫洞,显得很不专业。民警盘查发现,该作业人员仲某并无特种作业操作证。当天,民警还发现在另一处高空作业电焊雨棚的余某同样属于无证操作电焊。违法人员仲某、余某被松江警方依法行政拘留。

4.3.2 浙江省宁波市

2021年2月下旬,浙江省宁波市鄞州区安监机构在进行例行检查时,发现一家企业11名电焊工中,有6名电焊工在没有电焊操作证的情况下进行作业。该企业负责人已被公安机关治安拘留。

时隔一年,2022年3月15日,浙江省宁波市鄞州区应急管理执法人员在对辖区企业进行日常执法检查时,发现1名电焊工未取得特种作业操作证,正在进行焊接作业。执法人员立即联系塘溪派出所进一步调查,公安机关依法对电焊工作出行政拘留3日的行政处罚。

4.3.3 山东省烟台市

① 2021年6月,山东省烟台市招远市应急管理局与基层政府机关、派出所在联合督导检查时,发现烟台市海顺海洋工程有限公司在停产整顿期间,违反消防安全规定,安排两名无操作证的电焊工违规明火作业。公安机关依法对该企业负责人徐某某以涉嫌指使他人违反消防安全规定

冒险作业，给予行政拘留 15 日的行政处罚，对违反规定使用明火作业的两名无证电焊工，给予行政拘留 5 日的行政处罚。

② 2022 年 5 月 16 日，山东省烟台市海阳市龙山街道应急办联合辖区海岸派出所对龙山街道新平村开展巡查时，发现作业人员包某某在未取得特种作业操作证的情况下进行电焊作业。公安机关依法对其处以拘留 3 日的行政处罚。

③ 2022 年 5 月 24 日，山东省烟台市应急管理局开发区分局执法人员在对山东鸿千伟业通风设备有限公司开展执法检查过程中，通过查阅视频，发现该公司员工耿某某曾使用电焊机进行熔化焊接与热切割作业。执法人员当即对耿某某持证情况进行检查，经查，耿某某未按照国家有关规定经专门的安全作业培训并取得相应特种作业操作资格。因耿某某涉嫌违反《消防法》相关规定，将其移交公安机关处理。

④ 2022 年 5 月 28 日，山东省烟台市龙口市应急管理局与地方政府、派出所联合开展日常巡查时，发现芦头大众汽车修理厂作业人员吴某某正在进行电焊作业。经查，吴某某未按照国家有关规定经专门的安全作业培训并取得相应特种作业操作资格。因吴某某涉嫌违反《消防法》相关规定，将其移交公安机关，公安机关依法拟对其处以行政拘留 5 日的处罚。

4.4　无证上岗且酿成事故，责任人直接判刑

4.4.1　吉林省长春市

2020 年 11 月 6 日，吉林省长春市世鹿鹿业集团发生一起火灾事故，造成 5 人死亡、1 人受伤。事故原因系电焊作业引燃墙面上聚氨酯泡沫易燃保温材料，并挥发出大量可燃气体，后迅速引发轰燃，蔓延成灾。

其中，涉事公司未对 3 名作业人员进行审查，在三人未取得特种作业操作证的情况下，安排其违规上岗进行电焊作业。

世鹿鹿业集团法定代表人许某某，负责公司全面工作，未履行《安全生产法》的安全管理职责，对事故发生负主要责任，犯重大责任事故罪，判处有期徒刑三年，缓刑四年。

世鹿鹿业集团新建冷库南部排酸间中立柱安装作业的组织者毛某某，在明知胡某某、陈某某未取得特种作业操作证的情况下，仍安排二人焊接作业，对事故发生负主要责任，犯重大责任事故罪，判处有期徒刑三年三个月。

操作者胡某某，安全生产意识淡薄，在未取得特种作业操作证的情况下，仍从事焊接作业，对事故发生负主要责任，犯重大责任事故罪，判处有期徒刑三年二个月。

4.4.2 福建省厦门市

2019 年 9 月 17 日下午，被告人马某从厦门某公司承接搭建一个遮雨棚的电焊业务后，明知自己与被告人王某均没有电焊上岗证，仍带被告人王某到该公司厂房南侧废料间处，二被告人配合搭建遮雨棚。在施工过程中，二被告人均未遵守消防安全操作规则。被告人王某使用电焊机对铁皮进行电焊施工过程中，焊渣引燃废料间内可燃物。由于施工厂房内存放纸皮、纸盒、印染物等大量可燃物，火势迅速蔓延。消防战士快速处置，扑灭火灾，所幸未造成人员伤亡。但相连接的厂房、存放的设备、生产材料及周边车辆无法幸免于难。

法院经审理认为：被告人马某、王某在生产、作业过程中违反有关安全管理的规定，未能落实安全责任，且存在无证上岗，违规进行电焊施工，造成严重后果。被告人马某、王某犯重大责任事故罪，判处有期徒刑七个月，缓刑一年。

4.4.3 河南省安阳市

2022 年 11 月 21 日，河南省安阳市凯信达商贸公司发生一起特别重大火灾事故，造成 38 人死亡、2 人受伤。当天深夜举办的河南安阳"11·21"火灾事故新闻发布会上，通报导致事故发生的直接原因是员工无证违规进行电焊作业；涉事企业负责人及其他犯罪嫌疑人，已有 4 人被警方控制。按照习近平总书记重要指示精神和国务院领导同志批示要求，国务院成立河南省安阳市凯信达商贸有限公司"11·21"特别重大火灾事故调查组。等待相关责任人员的，必然是党纪、政纪甚至法律的惩处。

2

第2章 C H A P T E R

落实不力，根源在思想上

　　安全生产领域，责任大、要求严，而受限于认识和能力，存在着落实不力的现象。党和国家高度重视安全生产，政策保持高压态势，法律规范越来越严谨。因为行业种类多、风险隐患多，监管人手少、力量弱、专业化水平参差不齐，监管能力与任务不相适应企业主体责任落实不力，安全投入少，安全设施设备陈旧落后，现场作业条件差，再加上一些从业人员安全意识淡薄，安全技能缺乏，"三违"现象时有发生，某些地区、某些行业、某些企业事故不断，安全生产形势依然严峻。

　　考察安全管理工作现状，表现在硬件投入、管理措施、教育培训方面，根源在于思想认识误区和工作作风涣散造成的责任虚置。

❶ 主观主义

主观主义，全称是主观唯心主义，通俗来说，就是认识事物脱离物质世界的基本规律，全凭个人的主观想象。在安全生产方面，就是不去做真正改善安全生产条件的工作，不去实实在在地化解风险，而是全凭主观愿望，要么认为出不了事，掉以轻心；要么认为事故难免，放任自流；要么祈求神灵保佑，不拜科学拜鬼神，把安全寄托在虚妄之中。

1.1 迷信盛行

在建筑施工、煤炭矿山等高危行业，迷信活动时有发生，开工选择良辰吉日，供奉猪头、活鸡，搞烧香拜佛等祭祀仪式。在煤炭大省山西，一些煤炭企业为减少事故的发生，请风水先生看地理形势，请僧人道士"驱妖伏魔"。有家民营煤炭企业，每年春节都要请来僧人做"道场"。有家企业请来风水先生"诊脉"时，风水先生说近几年事故增加、效益下降全是矿机关门口千里马雕塑惹的祸，说千里马张开的大嘴会吃掉利润，而奋起的前蹄又会引来事故的发生，必须给马嘴戴个笼头，蹄子拴上绊子。就这样，这匹"千里马"便被戴上了笼头、套上了绳索。还有一些煤炭企业，过春节时供奉"窑神"，祈求一年别发生事故，多挣些钱。调查中还发现，在有的地方很多企业，无论是新工程上马、新巷道开通，还是安装新设备，都要看风水、择吉日，烧香、敬神、放炮。

1.2 有错不改继续犯

迷信不仅发生在领导中，也发生在员工中。你进行安全教育，说风险危害，员工中就有人嘀咕：什么死啊伤啊的，说这些多不吉利！如果出了事故，还埋怨安全员：乌鸦嘴，不说死啊伤啊的，哪会出事？

发生了事故，一些企业不是抓紧整改，而是大搞迷信活动。

广东省江门市曾发生过这样一个故事——

某商业大厦工地工程在市中心商业繁华地段，施打管桩时，桩机突然起火，浓烟滚滚，惊动市委、市政府领导，出动消防车好几辆，当消防队员扑灭火，把消防车开走不到500米时，桩机火焰又上蹿到半空，浓烟如故，消防车急转回来再扑火。这次扑火时间久一点，大家都认为应该没事了，可车开出施工场地不到500米时，桩机再次燃火……如此折腾了3次，直把消防队员累得筋疲力尽，最后一次是用泡沫把整个桩机管孔内灌满，然后观察一小时，直至再没有一丝烟雾，消防队员才放心离去。从起火到完全扑灭，前后折腾了近3个小时。

新的工程监理人员赶到现场时，一个五六十岁的胖老太坐在一张横案的上首，微闭着双眼，嘴里念念叨叨着；案台上燃着香火、蜡烛，摆着肉、鱼、鸡、供果；旁边一个大水桶，桶旁地面躺着一条死不瞑目的肥大黑狗，水桶里那鲜红的液体无疑是狗血。"老板"说这里过去是郊外小山岗，有许多无主坟墓，这次桩机着火是"鬼神作祟"，所以请个神婆来驱魔，以求平安。

监理找来打桩队长、机手及桩基公司负责技术的人员，经过详细了解和现场察看，得知这台桩机从买回投入使用到发生火灾事故时用了十几年，从来没有进行清洗、拆卸、检修过。从桩锤、油管、液压管壁外观察到被火烧过后的油渍污垢足有一厘米厚，再用测温仪测得事故发生前连续半个月，工程所在地自然气温高达 48 摄氏度到 50 摄氏度，加上桩机在施工途中加进柴油时漏滴到液压筒外壳上，和桩机施打中摩擦产生的高热等诸多因素引起燃烧。找出原因后，立即命令整改，全面彻底地检修与清洗，不用"敬鬼神"就消除了事故隐患。

1.3 侥幸心理

心存侥幸，就是为了追求个人目的，以及对自己的行为所要达到的结果过于自信，存在投机的、放纵的、不予处置的心理状态。心存侥幸，认为多少年生产都这么过来了，也没出过什么问题，不会就这么倒霉的，等忙过了这阵再抓安全。等忙过了，思想就更松懈了，觉得忙的时候都平安过来了，闲的时候更没什么了。

侥幸心理，是一种心理防御机制在起作用。"过于乐观"，就是潜意识里想当然地认为某项作业危险性不大、风险性不高，没有在意识上真正提高警惕，自以为事故不会被自己碰上，低估不幸发生在自己身上的概率。有心理学家把这种心理称为"刀枪不入幻觉"。可见，心存侥幸是一种病态，直接后果是缺少有效防范，为事故埋下了隐患。

1.4 习惯性违章

主观主义最常见的表现是习惯性违章。

习惯性违章，是有章程在、员工也理应知道规程和制度，还一而再、再而三地违章，形成习惯，变成了习惯性违章。

原因在于主观认识上，认为他这样做不会出事故，而是更便捷、更轻松。麻痹大意、侥幸心理、自以为是，求快图省事，习惯成自然。习惯性违章是长期逐渐养成的、经常发生的、违反规章制度或操作规程的作业行为，经常地反复发生，涉及操作者、指挥者和管理者。但因为习惯性违章并不必然导致严重后果，容易被人忽视，成为一种普遍倾向。

对待习惯性违章，普遍的做法是从严惩处，罚得使人心痛，让人不敢再违章。心病还需心药医，单纯的处罚未必能解决根本问题，还需要从思想认识、操作条件等方面加以解决。

② 官僚主义

官僚主义是主观主义的一个变种。官僚主义指不深入生产一线，不了解安全生产的实际情况，凭长官意志，忽视安全或无视安全，独断专行，下命令限时间，要求完成执行安全操作规程所不可能完成的任务。一个企业、一个单位之所以安全管理混乱，往往是来源于脱离群众、脱离实际的官僚主义。

2.1　命令代替制度

用行政命令来代替安全制度。一种情况是大到资源投入、隐患治理，小到工作安排、日常操作，不从实际出发，不考虑安全工作需要，不遵守安全法规和制度标准，用"组织安排"的名义做出决定，发布命令；把长官意志凌驾于人的生命原则之上，酿成人祸。另一种情况就是头脑发热，抱有侥幸心理，把一些不具备上岗条件的人安排到国家明文规定要持上岗证的地方操作，而造成生产安全事故；基层干部甚至班组长为了完成任务，让设备超负荷、带病工作，埋下事故隐患。

2.2　违章指挥

违章指挥，强令冒险作业，是官僚主义在生产上最集中、最突出的表现。很多事故的背后，是现场指挥人员不从客观实际出发，盲目追求完成生产任务。要么是安全意识淡薄，要么是安全知识缺乏，不懂安全技术操作的规范、标准，在没有安全防护措施或设备、人员、方法等安全条件不具备的情况下，强令或指挥他人冒险作业。

常见的违章指挥，包括不履行安全生产责任制规定的职责，不负责任、玩忽职守；对存在安全隐患已停止使用的设备、设施，在未消除隐患的前提下擅自安排使用；对已发现的事故隐患，不及时采取有效措施整改，在有事故隐患、安全防护装置缺少或失灵的设备上，强行安排生产任务；擅自变更安全工艺和操作程序，指令员工不按操作规程作业，强令员工冒险违章作业。下达停产停业通知后，仍继续组织作业。

2.3 自行其是

官僚主义还表现在无视群众的安全利益，不认真贯彻上级的安全生产要求，或借故拖延，或拒不执行；不遵守安全规章制度，新建、改建、扩建项目，不执行"三同时"的规定，不履行审批手续；不按有关规定要求设计施工，不经竣工验收擅自决定投入使用；设备安装不按照技术标准和规定程序进行施工、检查、验收、移交；对在检查验收中提出的问题尚未解决就擅自投入使用；对特种设备不按规定制造、购置、安装和使用，以及在使用中不采取有效的防护措施或安全防护装置缺损时仍安排生产；不按规定对新工人、复工工人、换岗工人、从事特种作业人员进行安全教育培训；在无安全生产保证措施的情况下，安排工人拼设备、拼体力、抢时间、争速度；多工种、多层次同时作业，现场无人指挥和监护，不制定安全措施，不执行危险作业审批制度，安全措施不落实。

有人提出异议，还听不得不同意见，认为"没有组织纪律"，拍胸脯保证。态度生硬，作风强硬，不尊重科学，不遵守制度。

③ 好人主义

3.1 安全管理是严肃的爱

有句话叫"宁听骂声，不听哭声"。我们很多干部不敢、不愿、不能听骂声，其结果只能是凄惨的，听到的是哭声。这种心理状态就是好人主义。好人主义并非真好人，而是自我感觉良好。

干部好人主义，员工就免不了违章违纪。没人管，没有约束，员工就会放飞天性。人的天性是什么？图轻松，走捷径，不愿意被制度管束。好人主义盛行，违章违纪就会泛滥。一个个违章和隐患不能充分暴露，长期得不到解决，最终小问题可能变成大问题，小隐患引发大事故。怨天尤人，埋怨上级太认真，下级不争气，事故必然一而再、再而三地发生。

抓违章，方法有两种，一种是检验制度的合理性、可行性，对不合理、不可行的制度进行修改；另一种是检查监督岗位人员的操作，发现违章采取矫正性措施，通常就是处罚。制度要有稳定性，最常用的办法是查处违章，就可能得罪人，听骂声。

3.2 好人主义的表现

抓安全必须坚持"严"字当头，反对"好人主义"。安全管理中的"好人主义"主要有这样几种表现。

3.2.1　视而不见

对违章违纪的现象睁一只眼、闭一只眼，不劝告、不制止，轻描淡写，大事化小、小事化了。

3.2.2　不敢碰硬

热衷于多栽花、少栽刺，报喜不报忧，以一种事不关己、高高挂起的心态抓安全。既缺乏勇于碰硬的勇气，又缺乏对工作认真负责的态度。

3.2.3　回避绕行

遇到棘手问题或矛盾，采取回避或绕行的办法，在"多一句不如少一句"中养成了"多一事不如少一事"的老好人心态。

3.2.4　推卸责任

对实在回避不了的问题，就把麻烦推给别人，"恶人"让别人当，一副事不关己的样子。

3.2.5　避重就轻

出了事故，千方百计收集开脱的"论据"，鼓吹"事故难免论"，把功夫花在"消灭"已发生的事故上。

3.2.6　宽严有别

对必须严肃处理的违章违纪事件因人而异，对一般职工严要求，而对不好说话的职工则轻描淡写。

3.2.7 护短说情

对待同乡故旧，追查事故责任时便护短说情，把责任推给客观或死者。

3.2.8 不以为然

从思想上就没有把违章违纪看得很重，认为作业偶尔违章是必然的，见怪不怪，司空见惯，陷入"工人干惯了，干部看惯了"的怪圈。

3.3 安全管理中好人主义的危害性

唐·梅里尔（Don Merrell）在美国辛普劳公司从事安全工作 40 年，写下了大量关于安全的诗篇，其中一首《我选择了视而不见》很好地解释了好人主义在安全生产中的危害性。这首诗曾被作为安全教育片的旁白，感动了无数人。梅里尔的诗内容如下。

我选择了视而不见那天，我本可以挽救一个生命，但是，我却选择了视而不见。

当时我在场并且也有时间，不是我不关心。

而是我不愿意像一个傻瓜，为了安全规则而争论不休。

我知道他驾轻就熟，我若开口，他必动怒。

情况看起来似乎没那么糟，他知道，我自己也曾经这样。

于是我摇了摇头，走开了，但我和他都明白这里有风险。

他铤而走险，我却闭上了眼睛。

就这样，他永远地离开了。

那天我本可以挽救一个生命，但我却选择了视而不见。

现在每当我看见他的妻子，都会自责没能挽救她的丈夫。

心中永存的那份内疚，我却永远无处倾诉。

如果你看见别人冒险：健康或生命危在旦夕。

或许，只要你的只言片语，就会帮助他们活下来。

如果你看到风险，却走开了，那么只愿你永远不必重提："那天，我原本可以挽救一个生命，但我却选择了视而不见。"

④ 形式主义

4.1 安全管理上的形式主义

　　形式主义，作为一种工作作风，只重形式，不重内容；只看事物的表象，不分析事物本质；作风浮夸，欺上瞒下，阳奉阴违，做表面文章，用轰轰烈烈的形式代替扎扎实实的落实。

　　安全管理上的形式主义，表现可谓多种多样。

　　口号喊得震天响，标语横幅满天飞；

　　迎接检查一通改，应付上级只管吹。

　　以文件落实文件，靠会议传达会议；

　　只听楼梯响、不见人下来；

　　雷声大、雨点小，重视安全停留在口头上。

　　安全培训炒现饭、应急演练走过场；

　　签字就算培训，记录就算工作。

　　深入现场蜻蜓点水，检查工作走马观花；

　　运动式检查，突击式整改；

　　听汇报替代检查，看台账替代现场。

　　表态多、调门高，行动少、落实差；

　　不用心、不务实、不尽力，打折扣、做选择、搞变通。

　　用经验代替科学，用人情代替制度；

　　出事之前不想抓，出事之后突击抓。

　　……

4.2 痕迹化管理可以，痕迹主义太过

4.2.1 工作留痕是否形式主义

管理从时间跨度上可分为结果管理和过程管理。安全生产，不是简单的一句"请给我结果"就行了，必须要关注过程，全程、全方位地管控。过程管控，需要可记可查和可依可辨，工作的每个环节必须留下痕迹。

工作留痕，可以清楚地见证各级人员刚性执行安全管理规程制度、履行安全职责的实际情况，同时也为上级部门区分责任界限、实施问责及追究法律责任提供了有力证据。

工作留痕，已经进步为一种管理方式，被称为痕迹化管理，又被称为痕迹管理。痕迹化管理是安全生产的需要，但任何工作都有个适度问题，如果太过，痕迹化管理就变成了痕迹主义，而痕迹主义确是与实现本质安全背道而驰的。

接下来，我们探讨一下痕迹化管理与痕迹主义的区别，有助于我们加强安全管理，去除安全管理中的形式主义。

4.2.2 痕迹化管理

痕迹化管理，就是让安全管理活动留下印迹，做到有计划、有内容、有记录、有签字、有总结，有些工作还要求记录下影像资料。

通过查证保留下来的文字、图片、实物、电子档案等资料，尤其是无间隙或无空白、无死角的缜密的工作记录，包括交接班记录和相关活动的证据，可以有效复原已经发生了的生产活动，供以后查证。痕迹化管理，凡事有人负责，凡事有人监督，凡事有章可循，凡事有据可查，安全管理的"四个凡事"就有了证据支撑。

痕迹化管理，在企业的安全生产中应用得极其广泛。现在法律要求

全员安全生产责任制，通过在安全生产责任书上签名，留下痕迹，签名者要兑现自己的职责并接受考核，确保责任落实。在日常工作中，动火、吊装、动土、检修、密闭空间、高处作业等各种安全作业票证的审批流程，使每个环节都要以手写或电子签名的方式体现有人负责。岗位操作从准备到结束所使用的表单，无论是手写还是通过手持电子终端导入系统，都要实施痕迹化管理。发现的隐患也要有记录、有签名、有跟踪落实。巡回检查、定期维护、安全培训、班组活动、设备台账等也都必须有人记录、有人签名、有人收集保存。

4.2.3 痕迹主义

安全管理中，一会儿说痕迹化管理，一会儿又说痕迹主义；一边要提倡，一边要禁绝，让做安全管理工作的人莫衷一是，无所适从。

痕迹化管理是需要的，2021 年 6 月修订的《安全生产法》条文中，我们不时可以看到"如实记录""作好记录""记录在案""记录备查"的字眼，"记录"一词出现了 11 次。记录、资料、表单、票证、签名等体现的都是痕迹化管理的内容。

那么，痕迹化管理是怎样演变成痕迹主义的呢？

这是因为很多人把痕迹化管理扭曲到形式主义的地步，只要形式，不顾内容，只管纸面作业漂亮，不管现实作业风险是否得到管控，重痕不重绩、留迹不留心。

痕迹主义作为形式主义的一个变种，同样与官僚主义有莫大干系。上有所好，下必甚焉。正因为一些企业领导坐着车子转一转，隔着玻璃看一看，隔靴搔痒，蜻蜓点水，片面强调痕迹而非业绩，过度地以文字、表格、图片等作为考核的唯一手段。下级就会在形式上做得好看，在痕迹上多花功力。有道是，文件发下，上级压下级，层层加码，看似"码"到成功；资料奉上，下级哄上级，层层加水，结果"水"到渠成。

随着痕迹主义的发展，各种新痕迹层出不穷，除了常见的图文材料，还有会议记录、图片题照、签字盖章，都是考核依据，甚至连指纹、刷脸、手机定位等，也都被"痕迹主义"作为管理工具。为了证明一项工作做了，一份表单不够，要用很多文字、照片、表格、台账去证明，结果成了一分干工作，九分证明干了工作，看似轰轰烈烈，实则无所事事。基层有这样的反映，体现了痕迹主义给基层带来的负担。

痕迹主义蔓延，不仅基层生产单位深受其害，企业的安监人员也苦不堪言：加班加点写材料，没日没夜整数据，一心一意填表格，辛辛苦苦编通报。

诚然，一些单位痕迹主义盛行，在一定程度上还因为有相关人员摆脱责任的动机，把痕迹作为"护身符"。

确实，痕迹能免安全法规和企业制度要求你必须如实记录的一部分责任，如果你没有记录，就无法证明你是否做了，没有记录本身就要追究责任。痕迹免去的是你是否记录和是否做了某项工作的责任。

对于资料做得漂亮、现场一塌糊涂的，出了安全问题，摆脱不了安全管理失职的责任。

免责跟履责、追责一样都应该是可以进行科学探讨的话题。追求免责本身没有错，错在不尽责。我在《本质安全管理》中也探讨免责，免责的前提是履行法规和制度赋予你的安全职责。只有实现本质安全、控制风险、不出事故，才是真正意义上的尽到责任，也就不用纠结追责、免责这样的问题了。

⑤ 认知升级，心病还需心药医

加强学习，提高修养，升级认知，铲除落实不力的思想土壤。

5.1 端正学习态度

各级干部要系统深入地领会习近平总书记关于安全生产重要论述的精神实质和核心要义，深刻认识安全生产的极端紧迫性和重要性，认真学习安全生产的政策、法规、制度，主动学习安全管理的基本方法，努力掌握安全生产的根本规律，提高科学决策、安全发展的工作能力。

5.2 树立责任意识

在思想上和行动上，把生命安全放在第一重要的位置。既算经济账，更算政治账，消除唯 GDP 论。树牢安全发展理念，坚持安全第一、预防为主、综合治理的方针，压实安全责任，从源头上防范化解重大安全风险。

5.3 强化自身修养

从人民利益出发，消除官本位思想，带领、发动和依靠群众，群策群力，全员参与解决安全生产问题。从实际出发分析研究具体情况，反对主观教条主义和偏信狭隘经验的做法，按客观规律办事，消除凭主观臆断地乱作为、乱拍板、瞎指挥现象。

5.4 培养良好作风

反对只重表象、不重实质的形式主义，不当好好先生，提倡敢抓敢管、不讲面子、严于律己、敢于负责的精神和工作态度。贯彻党政同责、一岗双责、齐抓共管、"三管三必须"原则，履职尽责，落实好企业的主体责任和全员安全生产责任。

原理篇 PRINCIPLE

SAFETY
RESPONSIBILITY

第3章 CHAPTER

安全管理的责任灵魂理论

❶ 众说纷纭的安全管理根本命题

1.1 危险核心说

危险是警告词，指某一系统、产品、设备或操作的内部和外部的一种潜在的状态，其发生可能造成人员伤害、职业病、财产损失、作业环境破坏的状态，还有的是一些机械类的危害，又作"险危"。

1.1.1 危险与安全的关系

危险是安全的反义词。人们最初把英文中的"safe"翻译成中文的"安全"，是因为"安全"和"safe"具有共同的含义，具体来说就是它们都具有表示一种存在状态的共同含义，即表示"不存在危险"或"没有危险"的状态。因此，没有危险是安全的特有属性，也是基本属性。

无论是在辞书中，还是在学术研究中，人们经常把安全与不受侵害、不出事故等联系在一起，但不能据此认为不存在威胁、不受侵害、不出事故就是安全的特有属性。安全肯定是不存在威胁、不受侵害、不出事故的，但是不存在威胁、不受侵害、不出事故并不一定就安全。某些不安全状态，虽然没有受到外部威胁，但因为内在因素而不安全时，就是一种不受威胁或没有威胁状态下的不安全。

1.1.2　危险核心说的基本观点

危险核心说认为，安全的特有属性就是没有危险。单是没有外在威胁并不是安全的特有属性；单是没有内在的疾患也不是安全的特有属性。包括了没有威胁和没有疾患这样内外两个方面的没有危险，则是安全的特有属性。

危险是导致事故的潜在条件。

危险在这个世界上广泛存在，自然界存在破坏正常生产和生活的危险，地震、洪水、台风、滑坡、泥石流等自然灾害存在巨大的能量，能够对生产系统造成严重的、甚至不可逆的破坏。人类社会生活中也存在犯罪、恐怖袭击、战争等各种危险。安全生产中提到的危险，是工程技术系统所使用的物理、化学、生物等能量，一旦失控或产生不正常反应，就会导致事故的发生。

1.1.3　危险的客观性

危险是客观存在的，具有可辨识性和一定的规律性。安全科学正是通过辨识危害、研究事故的致因理论来探索安全管理的基本规律。安全管理也正是在辨识危险的基础上，对生产过程中存在的物的安全隐患和人的危险行为进行充分的识别，并对这些隐患、行为采取相应的措施，以达到消除和减少事故的目的。

1.2　风险核心说

1.2.1　安全风险的含义

风险是什么？风险是目的与结果之间的不确定性。

安全生产领域提到的风险，目的是人们的安全期望，结果就是会否出现伤害或财产损失。

安全风险是安全系统不期望事件的出现概率，也就是事故、不安全事件发生的可能性与其后果严重度的组合。

1.2.2　事故是风险的产物

按照风险核心说的观点，风险导致事故，事故是风险的产物。所有事故都来源于系统存在的风险。风险按照的存在状态，可分为固有危险和现实风险。系统中蕴含的能量是系统本身固有的危险。系统的运行环境、工作条件、操控水平、危害对象等是系统存在的现实风险因素。风险是动态变化的，不是一成不变的。当风险的存在和变化超过了系统所能承受的限度时，便产生了事故。事故是系统安全风险因素失控的产物。安全与否，表面上看是否出事故，本质上看有没有出事故的风险。事故管理代表着管理者的直觉，风险管理才是管理者的自觉。预防事故发生要从风险入手，通过风险管控实现风险可接受。预防事故的根本在于预防和控制风险。

安全实际上是风险能够被人们所接受的一种状态。当风险没有超过一定的限度时，就可以认为是安全的。当风险超过了能够被人们接受的限度时，就是不安全的。

1.2.3　风险管控是安全管理的核心

风险管控是定量化辨识危险因素和危险源、预防和控制事故的，在安全管理中起到了关系全局、承前启后的关键作用。

因此，风险核心说认为风险管控是安全管理的核心。

很多企业并没有把风险放在核心的位置，即使提到风险，也是仅仅存在于文件中的一个概念，并没有引导员工去评估每项工作的风险，更没有针对性地削减风险，把风险管控到可接受的程度，主要原因是风险具有非直观性，必须综合考虑可能性和严重性。注意力集中到看得见的隐患上，排查治理隐患成为这些企业日常安全管理的核心内容。风险核心说不否认隐患排查治理的重要性，但要基于风险是否可接受这个大前提，判断是否属于隐患及整改是否合格。

风险核心说认为事故是由安全风险失控造成的现象。导致事故发生的因素被称为风险因素，主要指生产过程或活动中对人、机器设备、工作环境、管理等因素的控制存在不当或失效，致使其偏离了正常的状态。安全管理不是单纯研究事故，而是要研究人的不安全行为、物的不安全状态、环境的不安全条件、管理上的缺陷等风险因素，并进行有效的控制以避免事故的发生。

1.3　危险风险与事故的必然性

其实，在安全管理发展过程中，对于安全管理的核心产生了三种不同认识，即事故管理、危险管理、风险管理。因为事故核心说只是在工业化前期人们对事故的简单应付，因其滞后性而在理论和实践上退出了核心地位。本书前面提到的，无论是危险核心说，还是风险核心说，都有一个问题需要解决，就是与事故必然性之间的关系。

固然所有的事故都与危险有一定的联系，但危险不等于事故，只有在一定的条件刺激下，危险才会转变为事故。安全管理与其把精力花在危险上，不如把更多的注意力放在这个刺激条件上。各种事故致因理论，如圆盘漏洞理论、轨迹交叉理论、因果连锁理论、系统安全理论等，关注的都是危险如何转化为事故，以及如何避免这种转化，这恰恰是安全管理应该着力的地方。

相比较而言，风险核心说比危险核心说更具合理性。

危险核心说强调的是规避危险和事故可能带来的后果和损失，是一种以结果为导向的管理方式，不利于真正实现安全。关注后果和损失的危险固然重要，但更重要的是关注事故发生的前提，要重视对于风险的管控。

既然安全是可接受的风险，安全管理的目标就是要控制安全风险，使其处于能够被人们接受的程度。因此，风险核心说比危险核心说获得了更多学者和企业的支持。

现在的实践中，危险核心说与风险核心说分别以危险源辨识、隐患排查治理和安全风险管理的形式，成为安全管理的重要内容。危险、风险、事故关系如图3-1所示。

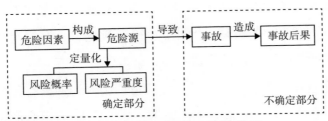

图 3-1　危险、风险、事故关系

从上图也可以看出一个问题，无论是危险还是风险，具体来说就是危险因素、危险源、风险概率、风险严重度，这些是否必然导致事故？并非必然。就算有危险和风险存在，也并不一定导致事故。管理缺失是一种被忽视的因素，更具体地说，就是系统中的人没有履行自己的安全责任。

1.4 责任灵魂说

在现实系统中，危险因素、危险源是客观的和确定的（尽管由于其隐蔽性而难以准确认识），而事故是不确定的。为了防止事故发生、控制事故恶果，必须开展一系列风险管理工作，包括在不断努力克服系统中危险因素的基础上，辨识系统中的各类潜在危险源；确定事故发生的可能性及后果的严重度；采取措施降低风险事件发生的概率、控制风险事件后果的严重程度，从而预防事故发生、控制事故恶果。

事故核心说容易陷入事故不可知论，造成被动应付事故的局面；而危险核心说缺乏对危险的定量化认识，难以使安全管理进入科学化水平。风险核心说通过量化的手段，在事故未发生时提前介入，全程防控，消除或削减风险。风险核心说较危险核心说及事故核心说是很大的进步。

其实，无论是事故核心说、危险核心说还是风险核心说，都可以借助于本质安全的手段，用工程技术的方式化解。没有"人"的因素，就不存在真正意义上的管理。因此，安全管理的核心必须考虑最关键的"人"。这就引出了关键的因素——安全责任。

风险管控只是在事故发生前及发展过程中的管理重心，事故发生后还有调查、追责、教育等很多工作要做。从事故发生前，到事故过程中，再到事故发生后，有一个因素自始至终存在，这就是责任。

责任比风险管控这个安全管理核心处于更加核心的位置。

风险管控作为安全管理的核心，已经被企业界所普遍接受，国家安全生产监管部门就用"灵魂"一词来定位安全责任。

责任是安全生产工作的灵魂。

❷ 责任的内涵

2.1 责任的概念

责任，由"责"和"任"两个字组成。

根据《辞海》的解释，"责"的用法大致可归纳为以下几种：① 责任；职责。如负责。② 责问；责备。如斥责；自责。③ 责罚。

"任"的用法，除了任用、任职、信任等外，在中国古代主要有两种含义：① 责任；职责。如《说苑·尊贤》："田居为人，尊贤者而贱不肖者，贤者负任，不肖者退。"② 担当；承担。如任劳任怨。《国语·齐语》："负任担荷，服牛轺马，以周四方。"

到了现代，按照《汉语大词典》的解释，责任的用法可以分为以下几种：① 使人担当起某种职务和职责。② 分内应做的事。③ 做不好分内应做的事，因而应该承担的过失。

总之，责任就是按照角色分工，一个人或一个组织不得不做必须承担的事。

安全生产责任也可以据此理解为一个人或一个组织根据在安全生产系统中的角色分工，承担相应的领导、监督、组织、实施、服务等职能，完成所承担职能应做的事务，承担做不好相应事务的不利后果。

2.2 责任的性质

根据责任与行为的时间先后，责任可分为事前责任与事后责任。

2.2.1 事前责任

事前责任主要是分内应做的事，包括以下两种。

（1）强制性责任。

这种责任主要是主体对外部要求的回应或内化，往往表达为"某人必须做某事"。这种必需的责任一般都与一定的义务相联系，有时指一定的职责、必须做或不做的事或行为。这种责任可因多种原因产生，如一定的职位、法律关系、契约等。说某人"必须做"，是说基于特定的要求，他必须做出特定的行为或反应，如遵守操作规程的责任等。

（2）非强制性责任。

这种责任是主体的一种自觉自愿的行为选择，往往表达为"某人应该做某事"。这种应该的责任一般都与一定的角色相联系，有时指一定的职责、应当做或不做的事或行为。这种责任可因多种原因产生，如一定的地位、角色、承诺、自愿行为等。说"某人有责任做某事"，是说基于特定的地位，他应当做出特定的行为或反应，如在履行本岗位安全责任的基础上，提醒工作伙伴安全风险等。

2.2.2 事后责任

事后责任主要是没有做好分内的事而应承担的不利后果，包括以下两种。

（1）谴责性责任。

这种责任主要是针对发生过的行为而言的，是主体对自己过去行为的后果的一种承担，往往表达为"追究某人的责任"。说追究某人的责任，表示的是其应受到谴责、处罚或否定性的评价，也就是说其行为是有过错的。这种责任的谴责是基于行为人须有相应的义务，而行为人违反了或没有履行好这种义务而导致了一定程度的严重后果。谴责往往来自道义或法律，谴责的方式、程度会因许多因素的差别而不同。

（2）因果性责任。

作为因果关系的责任，这种因果责任不是一般的因果联系，而是在因果联系之外有可归责因素，往往表达为"应对某事负责任"。如果没有因果联系，那么一般不能把一定结果的出现归责于另一方。

2.2.3 责任的限定与自愿

责任根据明确的限定和限定外自主的意愿，表现为职责和责任感，又被称为客观责任和主观责任。

（1）客观责任。

具体形式是职责和应尽的义务。客观责任源于法律、组织机构、社会对管理人员角色期待，具有外在的强制性含义。

（2）主观责任。

是与客观责任并列的、我们自己的情感和信仰的责任。主观责任根植于我们自身内在的良知、认同的价值或信仰。

安全管理中，激发员工的责任感是重要的任务，其不仅有利于形成良好的安全文化、实现团队安全，还有利于全员履行岗位安全责任。

❸ 责任贯穿安全管理始终

3.1 有事故就会有责任

责任是事故的本质属性。

鉴于很多媒体及企业把灾难和事故混为一谈，我在《第一管理》一书中用了较大篇幅谈论二者的区别。灾难和事故的根本区别在于，灾难是人自身无法左右的，比如地震、火山爆发、海啸；事故则是人为原因造成的，比如被电击伤、起火爆炸。开车撞人，对开车的人是事故，对被撞的无过错的行人则意味着灾难。

正是基于事故和灾难及各类自然灾害的根本区别，《本质安全管理》（原理卷）明确提出，事故是可控的因素没有被控制而导致损害结果的发生，包括人的伤亡和物的损失。

事故的重新定义，强调的是人的责任因素。

预防事故，实现安全，必然是强化人的责任，控制所有可控的因素。

3.2 压实安全责任的基本内容

压实安全责任是安全管理工作的起点，也是安全管理工作的终点。

3.2.1 起点是明确安全责任

明确责任是压实安全责任的核心。责任范围不清楚，不可避免地会出现推诿扯皮、贻误工作的现象；责任内容不明确，就可能出现工作盲目，干好干坏一个样。明确责任的目的就是履行职责，其实质是对责任人定职责、定任务。职责内容要具体，并要作出明文规定。只有这样，才能便于执行与检查、考核。要用清晰无异议的语言明确责任者必须承担的职责、任务或义务。职责必须落实到每个人，做到事事有人负责。没有分工的共同责任实际上是职责不清，无人负责会导致管理上的混乱。责任的内容包括政治的、经济的和道义的责任。

3.2.2 同时赋予相应权力

明确了职责，要使责任承担者履行安全责任，就必须赋予其必要的权力。赋予相应的权力是保证责任者履行其职责的必要条件。没有权力的责任是空洞的责任，没有责任的权力是没有约束的权力。赋予责任者的权力应该与其履行的责任相称，责任者必须在法律、法规和企业制度允许的范围内行使自己的权力。安全管理中，有管理者与被管理者之分，管理者需要被赋予与职责相对应的权力，而被管理者被赋予的权利，一部分是以法律规定免受不法伤害的权利形式出现，如以下法律规定。

① 知情权，即有权了解其作业场所和工作岗位存在的危险因素、防范措施和事故应急措施；

② 建议权，即有权对本单位的安全生产工作提出建议；

③ 拒绝权，即有权拒绝违章作业指挥和强令冒险作业；

④ 紧急避险权，即发现直接危及人身安全的紧急情况时，有权停止作业或在采取可能的应急措施后撤离作业场所；

⑤ 获得符合国家标准或行业标准劳动防护用品的权利；

⑥ 获得安全生产教育和培训的权利。

3.2.3 定期或项目结束，考核安全绩效

在安全责任确定以后，必须有相应的监督，以便及时纠正错误和疏

漏，进一步改进和完善全员安全生产责任制。安全绩效是责任者对职责范围内的工作产生作用的直接体现。考核安全绩效就是把责任者行为所引起的安全绩效指标与事先确定的责任者应完成的责任指标相比较，评判责任者履行责任的好坏程度。同时，应在准确考核的前提下，根据每个人的工作表现及其业绩，公正而及时地给予奖励和惩罚，及时引导组织成员的行为向符合组织需要的方向发展。

3.3　有职位就应该有职责

个人所承担的安全责任是通过从事某一职位的工作完成的，所以表现为职责。

3.3.1　职责界限要清楚

在实际工作中，工作职位离现场危害因素越近，职责越容易明确；工作职位离危害因素越远，职责越不容易明确，应按照与不安全事件联系的密切程度划分出直接责任与间接责任。通常情况下，出现事故，在生产第一线的应负直接责任，而在后方部门和管理部门的主要负间接责任。

在交叉工作配合作业条件下，规定某个岗位工作职责的同时，必须规定与其他单位、个人协同配合的要求。

3.3.2　职责内容要具体

职责不是一个抽象的概念，而是在时间、数量、频率、效果等方面都有严格规定的行为规范。所以，职责的内容一定要具体并作出明确规定，让从事这一职位的人和管理者都清楚，只有这样，才便于履行职责者执行，管理者检查、考核。

3.3.3　职责要落实到每个人

没有明确分工的集体负责实际上是职责不清、无人负责，其必然导致互相扯皮、管理上的混乱。所以，要在合理分工的基础上，按照全员安全生产责任制的要求把职责落实到人，做到事事有人负责、件件有人落实。

4

第4章 C H A P T E R

法定安全责任

① 法律责任

1.1　安全责任的分类

安全责任包括法定责任和自定责任。

法律责任有广、狭两义。广义指任何组织和个人均所负有的遵守法律，自觉地维护法律的尊严的义务。狭义指违法者对违法行为所应承担的具有强制性的法律上的责任。法律责任同违法行为紧密相连，只有实施某种违法行为的人（包括法人）才承担相应的法律责任。

（1）法定责任。

法定责任是法律明确规定的责任，是当事人应尽的义务。遵守法律法规是企业经营的强制性约束条件。合法合规经营是国家法律对企业的基本要求，遵守法律法规是企业必须做到的事情，任何违法违规的企业都应该得到法律的惩罚。

（2）自定责任。

自定责任是生产经营单位根据安全管理实际情况，为有效管控危险源及安全风险开展隐患排查和治理，遏制生产安全事故发生所须设定的部门、岗位、人员职责，除法定责任以外，其他内容均为自定责任。

1.2　法律责任的内涵

法律责任是指有关法律主体因违反法定或约定的义务而应当承担的不利的法律后果。法律责任是国家强制责任人作出一定行为或不做一定行为、救济受到侵害或损害的合法权益的手段，是保障权利实现和义务履行的途径。

法律责任是社会责任的一种，它与政治责任、道义责任等其他社会责任有密切联系，但是法律责任与其他社会责任有原则性的区别，法律责任有以下四个特点。

1.2.1　源于法律规定

法律责任表示一种因违反法律的义务关系而形成的责任关系。这种责任关系派生于法律规定的义务关系，它是因为违反法律的义务规定导致责任关系产生。法律责任以法律义务的存在为前提，比如民事损害赔偿法律责任中的责任关系，以"不得侵权"的法律义务关系为前提。

1.2.2　承担不利后果

法律责任还表示一种有责任方式，即承担或追究否定性、不利性后果。法律责任方式是由法律规定的，它通常有补偿与制裁两种。比如民事责任方式中包括赔偿、修理、重作、返还等；行政责任方式中包括拘留、罚款、降级、降职等；刑事责任方式中包括有期徒刑、无期徒刑等。

1.2.3 具有因果关系

法律责任具有内在逻辑性，即存在前因与后果的逻辑关系。其中破坏责任关系是前因，追究责任或承受制裁是后果。由此可见，在破坏责任关系的前提下派生出第二层次的责任方式的后果问题，如果没有责任关系这一前因，也就不会有追究责任这一后果。

1.2.4 国家强制实施

法律责任的追究和执行是由国家强制实施或潜在保证的。所谓强制实施追究和执行，是指由有关国家机关依法定职权和程序采取直接强制手段予以实施。法律责任的履行由国家强制力保障，没有国家强制力，法律责任将失去其本身的威慑力。但这不等于说一切法律责任的实现均由国家强制力直接介入，比如民事责任可以由当事人自行协商和承担。只有责任人没有承担民事责任时，才出现国家强制保证责任的追究和执行，所以说是"潜在保证"。

1.3 法律责任的构成要件

法律责任的构成要件是指构成法律责任的各种必须具备的条件或必须符合的标准，它是国家机关要求行为人承担法律责任时进行分析判断的标准。比如司法机关要求承运人承担交通安全侵权赔偿责任时，必须以若干条件和标准来考虑和认定。在大多数情况下，违法行为是法律责任的前提，所以法律责任要件与违法行为的构成条件有密切联系。

不同性质的法律责任，其构成要件均不尽相同。比如在过错责任中，通常注重损害事实、因果关系和过错三个要件来认定，而在公平责任和无过错责任中，通常注重损害事实和因果关系两个要件。

根据违法行为的一般特点，法律责任的构成要件包括责任主体、违法行为或违约行为、损害结果、因果关系、主观过错五个方面。

1.3.1 责任主体

责任主体是指因违反法律、约定或法律规定的事由而承担法律责任的人，包括自然人、法人和其他社会组织。责任主体对于法律责任的有无、种类、大小有着密切的关系。安全生产责任主体包括以下几种。

① 属地党委政府和负有安全生产监督管理职责的部门及其负责人；

② 生产经营单位及其负责人、有关主管人员；

③ 生产经营单位的从业人员；

④ 安全生产中介服务机构和安全生产中介服务人员。

1.3.2 违法行为或违约行为

违法行为或违约行为在法律责任的构成中居于重要地位，是法律责任的核心构成要素。违法行为或违约行为与法律责任存在两种情况下的关系：一种是违法行为或违约行为是法律责任产生的前提，没有违法行为或违约行为就没有法律责任，这是两者关系的一般情形或多数情形；另一种是法律责任的承担不以违法的构成为条件，而是以法律规定为条件，这是两者关系的特殊情形。

1.3.3 损害结果

损害结果是指违法行为侵犯他人或社会的权利所造成的损失和伤害，包括实际损害、丧失所得利益及预期可得利益。损害结果可以是对人身的损害、财产的损害、精神的损害，也可以是其他方面的损害。损害应当具有确定性，损害结果必须是一个确定的现实存在的事实，它是真实的而不是虚构的、主观臆测的，是已经发生而不是即将发生的。有些责任的承担不以实际损害存在为条件，例如，危险作业罪，虽然没有实际发生安全事故，但具有发生严重后果的现实危险的行为，也要承担刑事责任。

1.3.4　因果关系

因果关系是违法行为与损害结果之间的必然联系。因果关系是一种引起与被引起的关系，即一现象的出现是由于先前存在的另一现象而引起的，则这两个现象之间就具有因果关系。因果关系是归责的基础和前提，是认定法律责任的基本依据。因果关系是法律规定的因果关系，具有法定性。

1.3.5　主观过错

主观过错是指行为人实施违法行为时的主观心理状态。现代社会将主观过错作为法律责任构成的要件之一，不同的主观心理状态对认定某一行为是否有责及承担何种法律责任有着直接的联系。主观过错作为犯罪的主观要件，是犯罪构成的必要条件之一，对于认定和衡量刑事法律责任，即区分罪与非罪、此罪与彼罪、一罪与数罪、重罪与轻罪具有重要作用。主观过错容易被片面理解为主观故意，在法律术语中，主观过错包括故意和过失两类。在生产安全和交通安全中分类如下。

① 违章指挥、强令冒险作业、无证上岗、酒后驾车等属于故意；

② 疏忽大意、过失致人死亡、行驶中躲避行人造成的事故等都属于过失。

1.4 责任承担的属性

1.4.1 责任承担的法定性

虽然说产生法律责任的原因有很多种，但承担法律责任的最终依据是法律、法律责任的性质、范围、大小、承担方式等，都是由法律明文规定的，当法律责任需要司法机关去裁断和强制执行时，司法机关裁决的依据也是法律。

1.4.2 责任承担的强制性

并非一切法律责任的实现均依靠国家强制力，例如民事责任可以由当事人自行协商甚至免除。当应该承担责任的人不承担责任的时候，才出现依靠国家强制力保障责任的追究和执行，所以，国家强制力在大多数情况下只是起到一种潜在保证的作用。

1.4.3 责任后果的不利性

法律责任是一种责任方式，主要是承担追究否定的和不利的后果。这是一种国家依法强制相应主体承担不利后果、做出一定行为或禁止其做出一定行为，从而补救受到侵害的合法权益、恢复被破坏的社会关系和社会秩序的手段。

1.4.4 责任认定和实现的程序性

法律责任的认定和实现必须由国家专门机关通过法定程序进行。法律责任与其他的社会责任，如道义责任、政治责任等相比较有自己的特点，但是它们之间也有紧密的联系。从法律与道德关系上看，法律在某种程度上反映了道德要求，法律是最低限度的道德，因而违反法律与违反道德是一致的，行为人在自由意志的支配下没有选择合法与善，而是选择违法与恶，则要为此承担法律责任。从法律和社会的关系上看，法律是对社会关系的调整，反映了社会关系的内在要求。社会是一种利益的互动系统，各种利益被法律肯定就表现为权利及利益系统，为此侵犯他人权利或利益要承担法律责任，其实也是对违法者的社会责难。从法律自身而言，法律是一个规范系统，合法行为会得到法律的肯定性评价，违法行为会得到法律的否定。

② 法律角度审视安全责任

2.1 法定安全责任的特性

2.1.1 无过错责任原则下的民事责任

过错责任原则是理性的、普遍适用的法律责任原则。而无过错责任原则是各国安全生产立法适用的特别责任原则。安全责任之所以是无过错责任原则下的民事责任，一方面是对劳动者权益的保护理念，另一方面是复杂的生产过程中，伤害事件进行过错认定会受到客观条件限制。

民事责任是自然人、法人或其他组织因违反约定义务或法定义务而依法承担的不利法律后果。民事责任虽然也兼有惩罚性，但其主要功能是救济。与刑事责任不同，可以引起民事责任的不仅是基于法律的直接规定，更主要的是当事人之间的约定。企业根据安全生产制度对违章员工进行的处罚、对事故受害者给予的经济赔偿，都属于民事责任范畴。

《民法典》第一千一百六十六条规定："行为人造成他人民事权益损害，不论行为人有无过错，法律规定应当承担侵权责任的，依照其规定。"

《民法典》第一千一百六十七条规定："侵权行为危及他人人身、财产安全的，被侵权人有权请求侵权人承担停止侵害、排除妨碍、消除危险等侵权责任。"

《民法典》第一千一百六十八条规定："二人以上共同实施侵权行为，造成他人损害的，应当承担连带责任。"

民事法律责任的承担者是具有民事责任能力的自然人和法人。

民事法律责任的基本功能在于恢复权利主体权利被侵害之前的圆满

状态，当不能恢复时，则进行补偿。安全生产法律规定的承担民事法律责任的最主要方式则是赔偿损失。

《安全生产法》关于赔偿的条款有十条之多，其中第一百一十六条规定："生产经营单位发生生产安全事故造成人员伤亡、他人财产损失的，应当依法承担赔偿责任；拒不承担或其负责人逃匿的，由人民法院依法强制执行。"

2.1.2 违反具体法定义务的行政责任

行政责任是因违反行政法或因行政法规定的事由而应当承担的不利法律后果。这是一种伴随社会的法治化而出现的公法责任。它包括行政机关及其工作人员的行政责任、行政相对人违反行政法义务所引起的行政责任。安全管理中提到的"管业务必须管安全"，对于各级政府的业务主管部门来说，也是他们的法定行政责任。

行政法律责任的承担方式包括行政处分和行政处罚两种。行政处分是对于隶属于该机关、组织或机构的犯有轻微违法或违纪行为的人而做出的制裁，包括警告、记过、记大过、降级降职、撤职、开除等。行政处罚是由行政机关做出的一种相对较为严厉的责任形式，它适用于一般违法行为，其形式包括警告、罚款、没收违法所得、没收非法财物、责令停产停业、暂扣或吊销许可证或执照等。

《安全生产法》第三条第二款规定："安全生产工作实行管行业必须管安全、管业务必须管安全、管生产经营必须管安全，强化和落实生产经营单位主体责任与政府监管责任，建立生产经营单位负责、职工参与、政府监管、行业自律和社会监督的机制。"

《安全生产法》规范了政府的安全生产监管行为，也对安全生产违法行为承担的行政处罚做出明确规定，共有责令限期改正、责令改正、责令停止建设或停产停业整顿、责令停止违法行为、罚款、没收违法所得、吊销证照、行政拘留、关闭九种，为政府部门提供了完善的约束手段。

2.1.3 有严重过失造成重大伤亡事故的刑事责任

刑事责任是由违反刑事法律的犯罪行为所引起的不利法律后果。犯罪行为是对法律秩序最严重的破坏，与此相适应，刑事责任也是最严厉的法律责任。依据罪刑法定原则，刑事法律是追究刑事责任的唯一依据。追究刑事责任的行为达到严重的后果或具有严重的情节，具有社会危害性，以致触犯了刑法的规定，依法应当受到刑事处罚。

现行涉及安全的法律中都有追究刑事责任的条款，《安全生产法》（2021 年 6 月修订版）有 17 条，《建筑法》（2019 年 4 月修正）有 12 条，《电力法》（2018 年 12 月修正）有 7 条，《矿山安全法》（2009 年 8 月修正）有 3 条，《道路交通安全法》（2021 年 4 月修正）有 9 条，《消防法》（2021 年 4 月修正）虽然只有 1 条，但却是总结式的："违反本法规定，构成犯罪的，依法追究刑事责任。"

按照《刑法》规定，犯危险作业罪，重大劳动安全事故罪，强令、组织他人违章冒险作业罪等罪行的，受到的惩处就是追究刑事责任（详见本书第一章 3.1 节《刑法》涉及安全生产的 16 宗罪）。

2.2 安全责任的法规体系

党的十八大以来，一项项法律条例的推进落实，一部部专项措施的出台，安全生产立法体制机制日渐完善：《矿山安全法》《安全生产法实施条例》《生产安全事故应急条例》等立法工作稳步推进；建立了以 11 部有关专项法律、3 部司法解释、20 余部国家行政法规、30 余部地方性法规、100 余部部门规章、近 400 部安全行业标准为支撑的安全生产法律法规标准制度体系。

我国矿山安全生产法律责任的基本依据是现行的矿山安全生产法律体系。安全生产法律体系是一个包含多种法律形式和法律层次的综合性系统，从法律规范的形式和特点来讲，既包括作为整个安全生产法律法规基础的宪法规范，又包括行政法律规范、技术性法律规范、程序性法律规范。按法律地位及效力同等原则，安全生产法律体系分为以下五个层级。

2.2.1 国家法律

（1）宪法。

《宪法》中有关安全生产、劳动者权利及劳动保护方面的规定。例如，《宪法》第四十二条规定："中华人民共和国公民有劳动的权利和义务。""国家通过各种途径，创造劳动就业条件，加强劳动保护，改善劳动条件，并在发展生产的基础上，提高劳动报酬和福利待遇。"

《宪法》是我国的根本大法，从社会制度和国家制度的根本原则上规范着整个国家的活动，是制定普通法律的依据，任何普通法律、法规都不得与宪法的原则和精神相违背；《宪法》是一切国家机关、社会团体和全体公民的最高行为准则。根据《宪法》保障公共财产和人民生命财产安全的精神，我们必须加强矿业安全生产的相应法律、法规、政策体系、技术和管理的安全文化体系的建设。《宪法》第四十二条关于"加强劳动保护，改善劳动条件"的规定，是我国有关安全生产方面最高法律效力的规定。

（2）刑事法律。

《刑法》中安全生产方面的相关规定。

（3）民商法律。

《民法典》中安全生产方面的相关规定。

（4）安全法律。

我国有关安全生产方面的基础法律是指 2002 年第九届全国人民代表大会常务委员会第二十八次会议通过的《安全生产法》。《安全生产法》是综合规范安全生产的法律，它适用于所有生产经营单位，是我国安全生产法律体系的"核心"。

《消防法》《道路交通安全法》《海上交通安全法》《矿山安全法》等，也属于生产安全、交通安全、消防安全的安全法律。

（5）安全相关法律。

《劳动法》《工会法》《建筑法》《电力法》《职业病防治法》《煤炭法》《矿产资源法》《煤炭法》《公路法》《铁路法》《港口法》《民用航空法》《行政许可法》《行政处罚法》等法律。

2.2.2 地方人大立法

地方性安全生产立法是由法律授权制定的，是对国家安全生产立法的补充和完善，以解决本地区某一特定的安全生产问题为目标，具有较强的针对性和可操作性，是安全生产法律体系的重要组成部分。各省（自治区、直辖市）的人大还针对本地区的实际，制定了许多有关矿山安全生产方面的专项规章，如贵州省人大制定了《贵州省企业安全监察实施办法》，黑龙江省人大制定了《黑龙江省小企业安全管理规定》，甘肃省人大制定了《企业安全培训监督检查实施细则》，河南省人大制定了《企业安全生产风险抵押金管理暂行办法》等。《浙江省安全生产条例》设"社会参与"专章，规定各级政府及其有关部门应采取多种形式普及安全生产法律法规和安全生产知识，开展宣传教育活动，增强全社会安全生产意识，提高事故预防和自救互救能力。中小学校、职业学校、职业培训机构、高等院校及党校（行政学院）等应按规定将安全知识普及、安全生产教育纳入教学内容。

中央关于安全生产改革意见明确，设区的市根据《立法法》的立法精神，加强安全生产地方性法规建设，解决区域性安全生产突出问题。《中国应急管理报》在调查报道中统计，287个设区的市（直辖市除外）中，有72个开展了与安全相关的地方性立法工作，共制定颁布相关法规102条。

2.2.3　行政法规

安全生产法规分为行政法规和地方性法规。

（1）行政法规。

安全生产行政法规的法律地位和法律效力低于有关安全生产的法律，高于安全生产地方性法规、地方政府安全生产规章等下位法。如国务院颁布的《安全生产许可证条例》《生产安全事故报告和调查处理条例》《危险化学品安全管理条例》《企业安全监察条例》《铁路运输安全保护条例》《工伤保险条例》等法律规范。

（2）地方性法规。

安全生产地方性法规的法律地位和法律效力低于有关安全生产的法律、行政法规，高于地方政府安全生产规章。经济特区安全生产法规和民族自治地方安全生产法规的法律地位和法律效力与安全生产地方性法规相同。

2.2.4　部门规章

安全生产行政规章分为部门规章和地方政府规章。

（1）部门规章。

国务院有关部门依照安全生产法律、行政法规的授权制定发布的安全生产规章的法律地位和法律效力低于法律、行政法规，高于地方政府规章。如财政部、应急部联合颁布的《企业安全生产费用提取和使用管理办法》，应急部颁布的《应急管理行政执法人员依法履职管理规定》，原国家安全生产监督管理总局颁布的《生产安全事故应急预案管理办法》等。

（2）地方政府规章。

地方政府安全生产规章是最低层级的安全生产立法，其法律地位和法律效力低于其他上位法，不得与上位法相抵触。

2.2.5　法定安全生产标准

国家制定的许多安全生产立法将安全生产标准作为生产经营单位必须执行的技术规范而载入法律，安全生产标准法律化是我国安全生产立法的重要趋势。安全生产标准一旦成为法律规定必须执行的技术规范，就具有了法律上的地位和效力。执行安全生产标准是生产经营单位的法定义务，违反法定安全生产标准的要求同样要承担法律责任。

（1）国家标准。

安全生产国家标准是指国家标准化行政主管部门依照《标准化法》制定的在全国范围内适用的安全生产技术规范。

（2）行业标准。

安全生产行业标准是指国务院有关部门和直属机构依照《标准化法》制定的在安全生产领域内适用的安全生产技术规范。行业安全生产标准对同一安全生产事项的技术要求，可以高于国家安全生产标准，但不得与其相抵触。

2.3　企业安全生产规章制度

《安全生产法》第四条规定："生产经营单位必须遵守本法和其他有关安全生产的法律、法规，加强安全生产管理，建立健全全员安全生产责任制和安全生产规章制度。"第四十四条规定："生产经营单位应当教育和督促从业人员严格执行本单位的安全生产规章制度和安全操作规程。"第五十七条要求："从业人员在作业过程中，应当严格落实岗位安全责任，遵守本单位的安全生产规章制度和操作规程，服从管理，正确佩戴和使用劳动防护用品。"

企业安全生产规章制度是指企业按照《安全生产法》的要求，为了保障在生产过程中劳动者的安全和健康、保障生产资料的安全而制定的各种安全规章制度、操作规程、防范措施、安全教育培训制度、安全管理责任制及与安全生产相关的厂规、厂纪等。它是安全责任法规体系的延伸，是企业安全生产保障机制的重要组成部分，具有科学性、原则性和规范性等特点。

企业安全生产规章制度包括以下三个方面。

① 企业全员安全生产责任制的落实，包括企业主要负责人、各职能部门及其负责人、各级机构及其负责人和各工作岗位操作者的安全生产职责；

② 国家劳动安全卫生法规的贯彻执行，例如对安全生产法律、行政规章、行业标准的落实；

③ 企业自身的安全制度和标准化体系，包括各种岗位和工艺的安全操作规程，安全检查检验制度，安全意识知识及技能的教育培训制度，班组安全活动制度等一系列有关安全和健康的制度建设。

③ 《安全生产法》强化安全责任

3.1 健全安全生产责任体系

（1）强化党委和政府的领导责任。

2021 年 6 月修订的《安全生产法》明确安全生产工作坚持党的领导，要求各级人民政府加强安全生产基础设施建设和安全生产监管能力建设，所需经费列入本级预算。

（2）明确各有关部门的监管职责。

规定安全生产工作实行"管行业必须管安全、管业务必须管安全、管生产经营必须管安全"。对新兴行业、领域的安全生产监督管理职责不明确的，明确由县级以上地方各级人民政府按照业务相近的原则确定监督管理部门。

（3）压实生产经营单位的主体责任。

明确生产经营单位的主要负责人是本单位安全生产第一责任人，对本单位的安全生产工作全面负责，其他负责人对职责范围内的安全生产工作负责。要求各类生产经营单位健全并落实全员安全生产责任制、安全风险分级管控和隐患排查治理双重预防机制，加强安全生产标准化、信息化建设，加大对安全生产资金、物资、技术、人员的投入保障力度，切实提高安全生产水平。

3.2 明确安全管理职责

（1）明确"三管三必须"原则。

此次修改第三条第三款增加规定："安全生产工作实行管行业必须管安全、管业务必须管安全、管生产经营必须管安全"，进一步厘清安全生产综合监管与行业监管的关系，明确应急管理部门、负有安全生产监督管理职责的有关部门、其他行业主管部门、党委和政府其他有关部门的安全生产责任，以及生产经营单位负责人的安全生产责任。

2021年6月修订的《安全生产法》将管行业必须管安全、管业务必须管安全、管生产经营必须管安全的"三管三必须"原则写入法律，进一步明确了各方面的安全生产责任，建立起了一整套比较完善的责任体系。

（2）明确了部门安全监管职责。

"管行业必须管安全"明确了负有安全监管职责的各部门在各自的职责范围内对有关行业、领域的安全生产工作实施监督管理。第十条第二款强调："国务院交通运输、住房和城乡建设、水利、民航等有关部门在各自的职责范围内对有关行业、领域的安全生产工作实施监督管理。"安全生产监督管理工作不仅是应急管理部门的职责，政府其他有关部门在其职责范围内，也承担着安全生产监督管理的责任。

（3）防止部门监管出现盲区。

第十条第三款增加规定："负有安全生产监督管理职责的部门应当相互配合、齐抓共管、信息共享、资源共用，依法加强安全生产监督管理工作。应急管理部门与对有关行业、领域的安全生产工作实施监督管理的其他部门之间，应当加强监督检查和行政执法合作，相互支持，提高监管实效，共同实现监管目的。"原则明确了新兴行业领域安全监管职责。原则规定："由县级以上地方各级人民政府按照业务相近的原则确定监督管理部门，防止部门之间因为相互推责而形成的安全监管盲区，让部门之间既责任清晰，又齐抓共管，形成监管的合力。"

（4）明确企业的决策层和管理层的安全管理职责。

企业里除了主要负责人是第一责任人以外，其他的副职都要根据分管的业务对安全生产工作负一定的职责和责任。抓生产的同时必须兼顾安全，同时抓好安全，否则出了事故以后，管生产的是要负责任的。

3.3　强化企业主体责任

2021 年 6 月修订的《安全生产法》的一大亮点就是进一步压实了生产经营单位的安全生产主体责任，主要是建立了以下几项重要的法律制度。

（1）生产经营单位全员安全责任制，压实单位安全责任。

第四条第一款规定了生产经营单位应当重点落实的安全生产责任，如健全风险防范化解机制。生产经营单位每一个部门、每一个岗位、每一个员工都不同程度地直接或间接影响安全生产。安全生产人人都是主角，没有旁观者。2021 年 6 月修订的《安全生产法》新增全员安全责任制的规定，就是要把生产经营单位全体员工的积极性和创造性调动起来，形成人人关心安全生产、人人提升安全素质、人人做好安全生产的局面，从而整体提升安全生产水平。

（2）完善负责人的职责。

第五条明确规定："生产经营单位的主要负责人是本单位安全生产第一责任人，对本单位的安全生产工作全面负责，其他负责人对职责范围内的安全生产工作负责。"

（3）强化安全预防措施，建立安全风险分级管控和隐患排查治理双重预防机制。

第二十一条新增了生产经营单位主要负责人加强安全生产标准化建设，以及组织建立并落实安全风险分级管控和隐患排查治理双重预防工作机制。安全风险分级管控是国内外企业安全管理的先进经验和成功做法。建立安全风险分级管控机制，要求生产经营单位定期组织开展风险辨识评估，严格落实分级管控措施，防止风险演变引发事故。隐患排查整治是《安全生产法》已经确立的重要制度，2021年6月修订的《安全生产法》又补充增加了重大事故隐患排查治理情况及时向有关部门报告的规定，目的是使生产经营单位在监管部门和本单位职工的双重监督下，确保隐患排查治理到位。

（4）加大从业人员关怀力度。

第四十四条第二款增加规定："生产经营单位应当关注从业人员的生理、心理状况和行为习惯，加强对从业人员的心理疏导、精神慰藉，严格落实岗位安全生产责任，防范从业人员行为异常导致事故发生。"高危行业领域强制实施安全生产责任保险制度。修改前的《安全生产法》规定，国家鼓励生产经营单位投保安全生产责任保险。2021年6月修订的《安全生产法》，增加了高危行业领域生产经营单位必须投保的规定。根据中央关于安全生产改革意见的要求，高危行业领域主要是指矿山、危险化学品、烟花爆竹、交通运输、建筑施工、民用爆炸物品、金属冶炼、渔业生产八类。

安全生产责任保险的保障范围不仅包括企业从业人员，还包括第三方的人员伤亡和财产损失，以及相关救援救护、事故鉴定和法律诉讼等费用。最重要的是，安全生产责任保险具有事故预防功能，保险机构必须为投保单位提供事故预防服务，帮助企业查找风险隐患，提高安全管理水平。健全安责险制度：2021年6月修订的《安全生产法》

第五十一条第二款增加规定："有关高危行业、领域的生产经营单位，应当投保安全生产责任保险，切实发挥保险机构参与风险评估管控和事故预防功能。"

（5）强化防范新风险源。

第四条第二款增加规定："平台经济等新兴行业、领域的生产经营单位应当根据本行业、领域的特点，建立健全并落实全员安全生产责任制，加强从业人员安全生产教育和培训，履行本法和其他法律、法规规定的有关安全生产义务，化解社会各界对平台经济从业人员安全保障的担忧。"

3.4 强化政府监督管理职责

（1）明确经费保障来源。

各级人民政府承担安全生产监督管理的领导责任，需要从基础设施建设的"硬件"和监管能力建设的"软件"两方面入手，做好安全生产工作。因此，第八条第二款增加规定："各级人民政府应当加强安全生产基础设施建设和安全生产监管能力建设，所需经费列入本级预算。"

（2）加大联防联控力度。

第八条第三款要求："县级以上地方各级人民政府应当组织有关部门建立完善安全风险评估与论证机制，按照安全风险管控要求，进行产业规划和空间布局，并对位置相邻、行业相近、业态相似的生产经营单位实施重大安全风险联防联控。"

（3）合理确定监管部门。

第十条第二款规定："对新兴行业、领域的安全生产监督管理职责不明确的，由县级以上地方各级人民政府按照业务相近的原则确定监督管理部门。"

（4）编制责任和权力清单。

此次修法新增第十七条规定："县级以上各级人民政府应当组织负有安全生产监督管理职责的部门依法编制安全生产责任和权力清单，公开并接受社会监督。"

3.5 加大违法处罚力度

2021年6月修订的《安全生产法》，加大了对违法行为的处罚力度，主要体现在以下方面。

（1）普遍提高罚款额度。

在现行安全生产法规定的基础上，对涉及罚款的违法行为，普遍提高了罚款数额。如根据第一百一十四条规定："发生一般生产安全事故，处罚金额由二十万元以上五十万元以下修改为三十万元以上一百万元以下。"

（2）新增按日计罚措施。

针对安全生产领域部分生产经营单位"屡禁不止、屡罚不改"等违法现象，增设按日计罚措施。第一百一十二条规定："生产经营单位违反本法规定，被责令改正且受到罚款处罚，拒不改正的，负有安全生产监督管理职责的部门可以自作出责令改正之日的次日起，按照原处罚数额按日连续处罚。"

（3）加强关停措施实施。

第一百一十三条完善规定："生产经营单位存在重大事故隐患、发生重特大生产安全事故、拒不执行停产停业整顿决定等严重违法情形的，负有安全生产监督管理职责的部门应当提请地方人民政府坚决予以关闭，有关部门应当依法吊销其有关证照，严厉打击生产经营单位严重违法行为。"

（4）完善从业禁止规定。

第一百一十三条规定："生产经营单位存在应当关闭、吊销证照等严重违法情形的，其主要负责人五年内不得担任任何生产经营单位的主要负责人，情节严重的，终身不得担任本行业生产经营单位的主要负责人。"此外，第九十二条增加规定："对承担安全评价、认证、检测、检验的机构租借资质、挂靠，出具虚假报告的机构及其直接责任人员，吊销其相应资质和资格，五年内不得从事安全评价、认证、检测、检验等工作，情节严重的，实行终身行业和职业禁入。"

（5）增加联合惩戒措施。

第七十八条第一款规定："有关部门和机构应当对存在失信行为的生产经营单位及其有关从业人员采取加大执法检查频次、暂停项目审批、上调有关保险费率、行业或职业禁入等联合惩戒措施，并向社会公示。"

（6）加大公开曝光力度。

第七十八条第二款规定："负有安全生产监督管理职责的部门应当加强对生产经营单位行政处罚信息的及时归集、共享、应用和公开，对生产经营单位作出处罚后七个工作日内在监督管理部门公示系统予以公开曝光，强化对违法失信生产经营单位及其有关从业人员的社会监督，提高全社会安全生产诚信水平。"

第5章 CHAPTER

安全责任无极限但有边界

1 安全责任无极限

1.1 有限责任与无限责任

根据范围划分，责任可以分为有限责任和无限责任。

① 有限责任是指个体只承担一定范围限制的责任，当责任范围超出个体应该承担责任的能力范围时就不再承担超出部分的责任。例如，对于登记注册的有限责任公司，其股东和董事会就承担明确规定的有限责任。

② 无限责任是指个体承担的责任没有任何限制。我们生活中的大部分责任都是无限责任。

1.2 我国安全生产责任特点

原国家安监总局巡视员周永平，在对比中外安全生产责任体系差异时表示，我国责任体系覆盖更广，涉事主体均须承担相应责任；各类主体违反义务后受到的处罚极重。中美有关安全生产法律对比如表 5-1 所示。

表 5-1　中美有关安全生产法律对比

	美国	中国
经济处罚	雇主单项违法行为，最高罚款额度上限为 7 万美元。可数罪并罚	罚款数额一般在 100 万元以下，如果发生事故，罚款数额最高可达 2000 万元。情节特别严重、影响特别恶劣的，按照前款罚款数额的 2 倍以上 5 倍以下对负有责任的生产经营单位处以罚款
刑事处罚	雇主故意违反相关义务，致其雇员死亡的，最高 6 个月监禁；属重犯则处最高 1 年监禁	如若被定罪，其刑期最高可达 10 年
相关法律	《职业安全法》	《刑法》《安全生产法》等

1.2.1 范围广

涉事主体在我国的《安全生产法》中均设有相应义务，违反其义务，主体要承担相应的责任。在现行《安全生产法》中全面规范了生产经营单位主要负责人和其安全管理人员需要承担的责任，以及行政执法人员需要承担的责任，生产经营单位从业人员需要承担的责任和技术服务组织需要承担的责任，而且该法规定的具体责任形式均包括行政责任和刑事责任。

我国的生产经营单位作为雇主也通过缴纳工伤保险费用来承担其法

定的无过错责任。其具体事项由国务院颁行的《工伤保险条例》和主管部门（人力资源和社会保障部）以配套规章予以规范。根据其具体规范，如果生产经营单位的从业人员发生工伤或职业病，相关费用由工伤保险基金支付。

安全生产监督管理部门在高危行业，如矿山、危化、交通运输、建筑施工等行业领域强制推行的"安全生产责任保险"，相关生产经营单位在支付工伤保险后，重复投保工伤保险，在发生生产安全事故以后对死亡、伤残者履行赔偿责任。

1.2.2　法律严

说其责任极重，表现在各类主体在事故发生后所具体承担的行政责任和刑事责任。在一般工业化国家历史和现实中难以找到相同或类似案例。

现行的《安全生产法》中规范的生产经营单位的行政责任的具体承担主体分为单位法人和主要负责人、实际控制人、投资人、相关管理人员等个人。单位违反《安全生产法》的行政责任包括被罚款、整改、停业整改、被关闭等。其中，罚款数额一般在 100 万元以下，如果发生事故，罚款数额最高可达 2000 万元。对于生产经营单位主要负责人不履行相关法定义务，其需要承担的行政责任包括个人罚款、职业资格禁止和单位的停业整顿。如果发生事故，其个人罚款额可达其上年年收入的100%。美国《职业安全卫生法》没有规定相关执法机构有关闭企业的权限，但雇主单项违法行为可给予最高额度为 7 万美元的罚款。

我国《安全生产法》通过"构成犯罪的，依照刑法有关规定追究刑事责任"与刑法衔接，形成了我国独特的安全生产刑事责任制度。根据刑法，我国安全生产涉及危险作业罪、重大事故责任罪、强令违章冒险作业罪、重大劳动安全事故罪、危险物品肇事罪、工程重大安全事故罪、消防责任事故罪、玩忽职守罪等，其覆盖主体包括生产经营单位负责人、有关管理人员、从业人员、技术服务组织工作人员和行政执法人员，若被定罪，其刑期最高可达7年。

美国《职业安全卫生法》规定，雇主故意违反相关义务（*根据依法颁布的条例、标准、规则及指令*），致其雇员死亡的，处1万美元罚金或最高6个月监禁，或两罚并用；属重犯则处罚金2万美元或最高1年监禁，或两罚并用。另一罚则规定，任何人未经授权泄露依该法行使的监察行为信息，将被处1000美元罚金或最高监禁6个月，或两罚并用。可见，我国安全生产的刑罚不仅种类多，而且刑期长、处罚力度大。

1.2.3 处罚重

在实践中，我国在对发生事故生产经营单位主要负责人的刑罚，远远高于上述单项犯罪的刑法规定的刑期。根据数罪并罚原则，事故企业主已有被判无期、死缓的先例，如2010年河南省平顶山市兴东二矿"6·21"特别重大炸药爆炸事故，造成49人死亡，矿主被判死缓。另外，大量的行政执法人员因生产经营单位发生事故而被追究刑事责任，也是我国安全生产责任制度的一大特色。

根据最高人民法院发布的数据，近10年来，安全生产领域全国每年被追究玩忽职守罪的大约有700人，相当于安全生产领域的重大责任事故罪、重大劳动安全事故罪判刑人数总量的1/3。也就是说，企业中有3人因为安全事故问题被判刑，必然有一个政府人员因此被判刑[①]。

需要提醒的是，面对严厉的法律制裁，既不能怨天尤人，更不能愤愤不平，须知安全是社会容许下的风险可接受概念。我们作为"世界工厂"面临生产风险多和干部员工责任意识与安全能力参差不齐，虽然

---

① 周永平：《我国安全生产责任制的特点》，载《劳动保护》，2021，(7)：50-51。

整体遏制了事故高发、频发的态势，但重特大事故仍然时有发生，法律正是对安全生产风险社会容许度的集中反映。

1.3 安全责任稀释规律

我 2007 年出版的《第一管理——企业安全生产的无上法则》中，在探讨企业内部责任主体变成合体，每个人都有安全责任，大家共同承担时，曾借用几个事例讲解安全责任稀释规律。

1.3.1 牧羊悲剧

我们承认每个人都是经济人、社会人，既能够承担责任，又会自主选择逃避责任。由每个人构成的集体、单位，也有这种逃避责任的"智慧"。我们见得太多了：决策机构里应由集体承担责任，但就是没人承担责任；所有制形式面前，集体所有，属于大家，但不属于某个人，就会出现"大家拿，拿大家"的现象。经济学上叫作"公共绿地问题"或"牧羊悲剧"——各家都去公共绿地上放羊，过度放牧，最后导致绿地寸草不生。因为共同承担责任，结果大家都把责任推卸到他人身上。

1.3.2 四个人与一个人

我年轻时曾经在《文艺报》上发表过一个文学作品《绳》，记述的是一件真实的事。

农村修公路，采用人海战术，出动很多民工，用的是原始的生产工具。轧路时没有轧路机，但"有条件要上，没有条件创造条件也要上"，就用拖拉机拖着圆柱体的大石碾代替。有一次要轧上坡路，小队长还算有点安全意识，不放心，害怕绳子断了，便叫来 4 个人，让他们每人拿根绳子，重新连接拖拉机和大石碾。拖拉机上坡后，绳子的接口相继脱落，大石磙从坡上滚下来，人们躲闪不及，多人受伤，小队长的腿也被压折了。他不明白，为什么 4 个人绑的 4 根绳子，不如 1 个人绑的两根绳子结实。

这种大规模简单劳动发生的事故，也在印证一个管理上的命题。

1.3.3　林格曼实验

法国工程师设计了一个拉绳实验。绳子的一端固定在拉力器上，1 个人拉绳子用的力量假定为 100 个单位；2 个人拉绳子，每人用力变成了 90 个单位；3 个人拉绳子，每个人用力又衰减为 85 个单位，这就是管理学上的林格曼实验。

1.3.4　苛希纳定律

管理学上还有一个"苛希纳定律"，是说对于一件事由一个人单独做，他会全力以赴去完成，因为他要独自承担责任，但一群人一起做，每个人都希望别人承担责任，就形成"责任分散现象"，每个人往往都不会太卖力。同时，由于人数的增多，相互沟通联系的数量呈几何级数增长，增加了齐心协力的困难，整体的效率便大大降低。

所以，请大家记住管理学上的重大发现，任何人进入缺乏组织的团体，潜力就会衰减，人越多衰减越厉害。责任共担需要责任分担。只有责任分担，压力落在每个人的肩膀上，才能够最终做到大家共担。

责任共担不是一句简单的话，它不仅仅是一个概念、一个理念。责任共担要求对企业管理的方式进行反省，要让责任传递到岗位上，要用安全责任重新审视部门分工、岗位设置，厘清单位部门和岗位承担的安全责任，避免出现不承担安全责任的岗位、部门和单位，避免在企业组织的内部出现无安全责任的个体和部分[1]。

---

[1]　祁有红，祁有金：《第一管理——企业安全生产的无上法则》，北京，北京出版社，2007.03。

1.4　无限责任有限化趋势

历史上最先出现的是无限责任。

政治上是用职位、地位、名誉及人身自由直至失去生命这种无限代价承担责任。

经济上，父债子还不仅是用自己的所有财产偿还，甚至要连累子女及家族，承担经济上的无限责任。

在公司出现以前，个人独资企业是最典型的企业形式，与独资企业并存的是各种合伙组织，当时的合伙组织中最典型的就是家族经营团体，承担无限经济责任。最早产生的公司是无限公司。但是，无限公司与合伙组织没有本质上的区别，只是取得了法人地位的合伙组织而已。

针对无限公司的第一个立法是 1673 年法国路易十四的《商事条例》，无限公司在当时被称为普通公司。在 1807 年的《法国商法典》中无限公司又改名为"合名公司"。《日本商法典》中也规定有"合名会社"。无限责任是指责任人以自己的全部财产承担的责任，如合伙人对合伙债务承担的责任。无限连带责任指无限责任企业的投资人除承担企业债务分到自己名下的份额外，还须对企业其他投资人名下的债务份额承担连带性义务，即其他投资人无力偿还各自名下的债务份额时，自己有义务代其偿还债务份额。无限公司在产生以后曾经有过长足的发展，但是随着股份有限公司和有限责任公司的产生，无限公司已经退居次要位置。

1555 年，英国女皇特许与俄国公司进行贸易，从而产生了第一个现代意义上的股份有限公司。一般认为，股份有限公司起源于 17 世纪英国、荷兰等国设立的殖民公司，比如著名的英国东印度公司和荷兰东印度公司就是最早的股份有限公司。1807 年，《法国商法典》第一次对股份有限公司作出了完备、系统的规定。到现在，股份有限公司已经成为工业社会占统治地位的公司形式。

　　与其他市场主体相比，"有限公司""有限责任公司""股份有限公司"等公司的优点显然表现在以下几点：有限责任是指股东的责任是有限的，股东仅以出资额或认购的股份为限，对公司债务承担责任。公司以其所有的财产承担债务责任，直至资不抵债，破产清算。股东在出资额或认购的股份之外，不对公司债务承担连带责任。公司股东的有限责任决定了对公司投资的股东既可满足投资者谋求利益的需求，又可使其承担的风险限定在一个合理的范围内，增加其投资的积极性。

　　有限责任制度是社会经济发展的产物，对于近现代公司的发展起着重要的作用，它克服了无限公司股东负担的因公司破产而导致个人破产的风险，便于人们投资入股，是广泛募集社会大量资金、兴办大型企业最有效的手段。

　　安全责任的无极限体现了以人为本、生命至上的情怀。明晰安全责任，每个人做好自己安全职责范围内的工作，符合无限责任有限化的历史大趋势。

② 安全责任有边界

2.1 责任合体论

我们的社会从来没有像现在这样重视安全，各个组织、各个团体、各种媒体都在做安全工作，从消防安全日、安全生产宣传周、安全生产月活动，再到安全年，我们可以感受到来自全社会对安全生产工作的高度重视。可以说，做好安全生产工作是全社会的共同责任。

2.1.1 基础不牢，地动山摇

在这场影响深远的安全运动中，谁是责任的主体？

我们说安全生产，谁在生产？企业在生产，企业的安全生产是安全生产运动的中心，毫无疑问，责无旁贷。我们国家的安全生产体系，首要的一条就是政府监管、企业负责。企业是安全生产的责任主体，企业法定代表人、企业"一把手"是安全生产的第一责任人。政府是安全生产的监管主体，执行政府、行业主管部门及国有资产出资机构的监管责任。

① 按照现在的安全责任体系，企业是理论承担者。看上去企业已经成为安全生产的责任主体了，但是，企业能够天然地承担责任吗？现在看来，还是有些问题。如果企业仅仅是在名义上承担责任，不是事实承担，各项安全生产的管理就不会落实到位。只要安全的标语口号还停留在墙上，安全的台账制度还局限在桌面上，就很难说企业已经承担起安全的责任了。

② 作为有生命的组织形态，安全生产的责任必须进入企业的"骨骼"、溶入"血液"，甚至渗入"神经系统"。企业内部要有能够进行责任传递的机制，责任分解横向到边、纵向到底，在企业内部形成纵横严密的责任机构。企业内部必须具备"钢筋铁骨"才能承担起这泰山般的责任。

③ 企业仅仅把自己作为社会公民而拥有责任意识是不够的。在主体责任面前，愿意承担和能够承担是两码事。如果一个企业没有构建责任体系就拍胸脯，无疑是在开空头支票、建空中楼阁。

"基础不牢，地动山摇。"这句话说的是企业的安全生产的基础工作不扎实，就不能够承受整个企业大厦，就会"火山爆发""发生地震"，地动山摇。仅仅企业负责安全或企业法定负责人负责安全，是无法实现安全的。

2.1.2 组合成安全责任的载体

我孩子小的时候对动画片《变形金刚》很热衷，每天晚上准时出现在电视机前。憨厚莽撞的钢索，语音奇特、功能多样的声波，可爱却弱小的大黄蜂，还未成熟的红蜘蛛，狂妄强悍的威震天，还有大哥擎天柱……一有事情发生，擎天柱就命令："汽车人，变形出发！"立刻，一个个汽车人迅即"咔咔"地变成汽车飞速驶往出事地点。他们个个非常英勇，遇有强敌难以战胜，就变形成为"合体"战士，身体组合在一起，成为力量强大的超人，每战必克，战无不胜。"变形—组合"成为孩子们玩耍时的口号。

作为"责任主体"的企业，也要能够调动企业内部各个方面的力量，配置所需要的各种资源，变成"责任合体"。企业内部像变形金刚一样，各个分支机构、各个分散的岗位以责任作为黏合剂。经过变形、组合之后的企业，才能成为安全责任的载体。我之所以用"责任合体"这个词，是因为企业内部各个部分虽然是一个个责任体，但不是独立地承担责任，各个部分相互支撑联合成一个有机的整体，共同承担安全责任，这才叫"责任合体"。企业责任合体如图 5-1 所示。

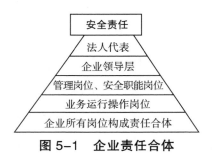

图 5-1　企业责任合体

2.1.3　特定机制传递责任

实现责任合体需要借助一套特定的机制来传递责任。

BP 公司制定的"黄金定律"提出，"个人对安全的要求完全合法，同时它还是一项长久的个人责任。每一位员工都应该能在一天的工作结束后安然回家，不受任何损伤。在一个充满风险的世界及行业里，要实现上述目标，需要每个人牢记安全的重要性，肩负起他们个人的责任，并深知应该如何行事。"BP 公司力求通过"黄金定律"来压实安全责任。

企业的董事会和经理层仅有安全责任意识还远远不够。佛教讲究醍醐灌顶，用上好的醍醐浇灌人头顶，让人开窍。这于"责任合体理论"极有借鉴意义，应该把责任意识作为"清醒剂"，作为一剂"良药"，从企业的"头顶"浇灌下去，使整个组织都能接受主体责任意识的滋润，让安全真正成为企业内部各个结构、系统、"细胞"的一项行为原则或日常行为意识。

有了主体责任意识的浇灌之后，企业应该对运行方式、经营理念、内部组织进行细致的分析，重构企业的"肌体"，再造生产管理运行流程，建立安全生产的各种程序和实体制度，形成组织内部上下相互负责、工艺流程前后相互负责的运行机制，把安全责任作为企业组织的整体责任，在企业的各个岗位、各个部门中形成安全利益共同体，从而实现从责任主体到责任合体的组织转变。

企业内部责任主体变成合体，每个人都有安全责任，大家共同承担，千斤重担大家挑[①]。

2.2 岗位责任论

2.2.1 "人头"无力承担责任

对社会来讲，企业是安全生产的责任主体，但它不能够自动承担主体责任，而是必须在它的内部进行责任划分，实现责任分担，才能让各个环节共同承担起主体责任。很多企业已经在做责任分解工作，把安全责任逐层分解，直到把"人头"作为企业安全系统最基本的责任单位。

这没有错，责任应该分解，但是，如果不了解企业的真正内涵，仅仅在形式上分解责任，这个责任在"人头"上也是无力承担的，并且仍然没有到位。

企业是典型的组织，具有明确的组织特性。

组织至少由两个或两个人以上组成。如果对组织下定义的话，那么组织就是既具有特定目标，又具有一定资源，保持某种权责结构的群体。请注意，这个定义已经包含了企业作为组织的三层意思。

① 有目标。这个目标可能是赚钱实现利润，也可能是某种愿望抱负，比如实业报国、产业报国。

② 企业必须有运作所需要的资源，就是我们通常所讲的人、财、物。现在是信息社会，信息也是企业内部的一种资源。

---

① 祁有红，祁有金：《第一管理——企业安全生产的无上法则》，北京，北京出版社，2007.03。

③ 企业内在地表现出一种权责结构，就是指在企业内部，某个人处于什么位置、做什么工作、有什么权利（力）、有什么样的责任，而这种权利（力）和责任又相互关联。

2.2.2　权责结构的节点是岗位

一般的教科书都把"权责结构"解释成责任和权力结构，而我的观点是不能遗漏了利益，责权利要统一。

（1）岗位的概念。

这里要着重强调"岗位"的概念。我们拿着放大镜来看这个权责结构，它一个个的结点就是岗位。岗位是企业中最小的、最基本的责任单位，企业的安全责任就是由这样一个个的岗位相互关联、共同支撑起来的。企业的安全责任只能落实到岗位上，不能落实到"人头"。为什么？因为人员是流动的，只有他在某一个岗位的时候，才需要肩负该岗位的责任。某个时期提倡领导干部深入车间工地和工人同吃、同住、同劳动，有些企业还有领导带班制度，领导在工人岗位上干活，那么这时他就要承担这个工人岗位所肩负的责任，比如质量，不能出次品；比如安全，不能出事故。个人从某个岗位升职、降职、开除，他带不走那个岗位的责任。安全责任永远和岗位联系在一起。

（2）责任到人与责任到岗。

"责任落实到岗位"和"责任落实到'人头'"，代表了安全管理的两个认识角度。要承担安全责任，需要相应的权利（力）。责任落实到"人头"就会出现经验管理的盲区。例如我看张三顺眼就给他权利（力），看李四不顺眼就不给他权利（力）。但如果责任落实到岗位，责任面前就没有了人的区别，只要在岗位上，无论是谁，都会给他配置相应的权利（力）。

安全管理中责权一致非常重要。企业对每个岗位都要实行职权与职责一致的原则。有责无权，想安全做不到安全，主动负责意识就会受到抑制。有权无责，将必然导致滥用权力、官僚主义、瞎指挥。

管理界有句行话："有责无权活地狱。"古今中外，莫不如此。春秋时期，中山国的相国乐池奉命带领百驾车马出使赵国。为了管好队伍，他在门客中找了个很能干的人来领队。走到半路，车队乱了方寸。乐池责怪那个门客："我认为你是个有才能的人，所以叫你来领队。为什么会弄得半路就乱了阵脚？"那门客回答说："我是您的下等门客。您只给了我领队的责任，却没有授予我权利（力），出现失误为什么要责怪我呢？"

（3）权责一致案例。

责权一致原则是企业安全管理的金科玉律。岗位的权利（力）和责任越接近相等，安全管理的效果越明显。权利（力）和责任是围绕岗位的一体两面。权利（力）不能离开责任而存在，责任同样也离不开权利（力），岗位的效用是通过权利（力）和责任的对等共同发挥作用而实现的。有一则"老鼠和狗"的故事，说明了责任和权利（力）的共生关系。

一群老鼠爬上桌子准备偷肉吃，却惊动了睡在桌边的狗。

老鼠同狗商量，说："你要是不声张，我们可以弄几块肉给你，咱们共享美食。"

狗严词拒绝了老鼠们的提议："你们都给我滚。要是主人发现肉少了，一定怀疑是我偷吃的，到那时，我就会成为案板上的肉了。"

我们很难分清守望这些肥肉到底是权利（力）还是责任，但狗的驳诘态度已明确表明：这是一份权利（力），更是一份责任。

2.2.3 岗位是企业内安全责任的主体

（1）在岗位上承担责任。

生产经营单位是安全生产的责任主体，岗位是企业内安全责任的主体。个人服从于岗位，在岗位上履行职务，在岗位上承担责任，在岗位上享受利益。美国前总统杜鲁门办公室的门上有句话叫"Barrels stop here"。意思是，麻烦的"水桶"传递到此为止。这个办公室是总统的岗位，任何问题到"我"这里结束，"我"不再传递给任何人。解决问题是这个办公室主人的责任。

（2）对岗位负责。

企业成员个人对安全负责，就是指对岗位负责，而不是对某一个人负责。因为，企业是岗位相互关联的责权结构，企业的安全责任是靠相互关联的责权机构共同支撑的，所以，企业成员既要对岗位的安全负责，又要对岗位相关联的安全负责，对岗位的上下工序负责，对岗位的前后流程负责，对岗位的上下级结构负责。

（3）责任是岗位的核心。

在安全管理中，每个岗位上的每位企业成员都应该属于高级管理层。德鲁克说过："不论一个人的职位有多高，如果只是一味地看重权力，那么，他就只能列入从属的地位；反之，不论一个人职位有多么低下，如果他能从整体思考并负起成果的责任，他就可以列入高级管理层。"

我们处在责权结构中的每个人，都应该对企业的整体安全负责[①]。

2.3 猴子跳动论

很多年来，人们已经习惯于把企业负责人（或实际控制人）作为企业安全生产的第一责任人，有些领导战战兢兢如履薄冰，中层干部对隐患置之不理，抢时间抢进度，依然故我，操作岗位员工将安全抛之脑后，疏忽大意，违章作业，层出不穷。为什么会出现这种责任上移的情况？

---

① 祁有红，祁有金：《第一管理——企业安全生产的无上法则》，北京，北京出版社，2007.03。

20 世纪 70 年代，威廉·翁肯（Willam Oncken Jr.）和唐纳德·沃斯（Donald L.Wass）曾在《哈佛商业评论》发表文章《谁背上了"猴子"？》，《哈佛商业评论》于 1999 年 11 月刊又重刊了这篇经典文章，经过 20 年时间，它仍高居《哈佛商业评论》网站最受欢迎文章前列，显示了其历久弥新的生命力。以下为摘录文章中的片段，你会清楚地看到，本来是下属的责任，是怎么转移到上级肩上的。

2.3.1　三种管理时间

① 受上司支配的时间——用于完成上司下达的工作任务。对于这些工作，经理们不能掉以轻心，否则会立即受到直接处罚。

② 受组织支配的时间，用于满足同级人员提出的积极支持的要求，置若罔闻也会招致惩罚，尽管惩罚并不总是直接的或迅速的。

③ 由个人支配的时间，用于完成经理们自己想出的或同意去做的事情，然而，其中一部分时间会被下属占用，称为受下属支配的时间。剩余时间属于经理自己，称为自己支配的时间。由个人支配的时间不会导致受罚，因为上司或组织压根不知道经理最初打算做些什么，所以就无法对没有完成什么予以惩罚。

为了满足各方要求，经理需要控制好工作的时间安排和内容。如果完不成上司和组织交代的任务就要受罚，那么经理们绝不能忽视这两方面的要求。因此由个人支配的时间就成为他们主要考虑的方面，经理们应该最大限度地努力减少或消除受下属支配的时间，增加由个人支配的时间中的自由支配时间，然后利用所增加的时间更好地处理上司和组织布置的任务。然而，大多数经理没有意识到，他们把过多的时间花在解决下属的问题上。因此，利用"背上的猴子"这个比喻来分析受下属支配的时间是如何产生的，以及上司应当如何应对。

2.3.2 "猴子"在谁的背上？

让我们想象一下：一位经理正走在大厅里，这时他注意到下属琼斯迎面走来。当两人相遇时，琼斯向经理问好："早上好。顺便说一下，我们遇到了一个问题。你知道……"当琼斯继续往下说时，经理发现此次的问题与他的下属向他提出的所有问题一样具有以下两个特点。

① 他知道需要参与解决问题；

② 他对情况还不够了解，无法如下属所愿当场拍板。

最后，这位经理不得不说："很高兴你能提出这个问题。我现在很忙。让我考虑一下，我会给你答复的。"随后，两人分开了。

让我们分析一下刚才发生的一切。两人碰面前，"猴子"在谁的背上？在下属的背上。两人分开后，"猴子"又在谁的背上？在经理的背上。当"猴子"从下属背上跳到上司的背上时，受下属支配的时间就开始了，一直到该经理把"猴子"归还给真正的主人为止。在接受"猴子"的时候，经理自愿地变成自己下属的下属。也就是说，他去完成一个下属通常要为上司做的两件事——经理从自己的下属那里接过了责任，并向下属承诺报告工作进展。

这位下属为确保经理不会忘记这件事，此后将会把头探进经理的办公室，喜滋滋地问道："事情进行得怎么样了？"（这叫监督）

或者，让我们设想另外一个场景。

这位经理要求史密斯起草一份公关计划书，并保证向她提供所有必要的支持。临别时经理对她说："需要帮助的话，尽管告诉我。"

现在，我们分析一下这个例子。"猴子"最初还是在下属的背上。但它还会待多久呢？史密斯意识到，在计划书得到批准之前，她不可能"告诉"经理自己需要哪些帮助。而且，根据以往的经验她还意识到，她的建议书要在经理的文件箱里放上好几个星期才能被经理批阅。那么，究竟谁背上了"猴子"？谁将检查谁的工作？此时，无所事事现象和瓶颈效应又一次发生了。

为什么会发生这一切？因为在每一种情况下，不论是有意还是无意，这位经理及其下属从一开始就认为问题是两个人的。在每一个例子中，"猴子"最初横跨在两个人的背上。它只须移动一下那只跨错的腿——"唰！"下属就一下子消失了，留下经理照管这只"猴子"。当然，你可以训练"猴子"不要挪动那条腿，但更简单的办法是，从一开始就阻止它横跨在两个人的背上。

2.3.3 谁在为谁工作？

让我们来假设，有四位下属非常体贴他们的上司，为了不占用他的宝贵时间，每个人都竭力不让三个以上的"猴子"在一天之内跳到经理的背上。在一周的五个工作日中，这位经理将要背上 60 只尖叫的"猴子"，猴子数量太多，根本无法一个个地应付。因此，他把受下属支配的时间用于焦头烂额地处理那些"首要事务"。

星期五下午晚些时候，经理把自己关在办公室里以免受他人打扰，从而可以仔细考虑一下处境，而他的下属们正在门外等候，要抓住周末前最后的机会提醒他必须"快做抉择"。

最糟糕的是，该经理无法采取任何"下一步行动"，因为他把时间几乎都用在满足自己的上司和公司要求做的事情上。为了应付这些任务，他需要自由支配的时间，但是当他满脑子想的都是下属的"猴子"时，他根本没有自由支配的时间。这位经理陷入了一种恶性循环。然而，时间在白白流逝（这样说还是轻的）。

原来如此。他现在知道了究竟谁在为谁工作。此外，他现在还意识到，如果他按计划在周末完成要做的工作，他的下属就会士气大增，每个人将会放松对"猴子"数量的限制，让更多的"猴子"跳到他背上。

总之，如同登上山顶后眼前豁然开朗，他猛然醒悟过来：他越是往前赶，就越会落在后面。

他像逃避瘟疫一样迅速离开了办公室。他有何打算？他要抓紧去干一件多年来一直无暇顾及的事情：和家人共度周末（这是自由支配时间的多种形式之一）。

周日晚上，他为星期一制订了一个明晰的计划。他打算摒弃受下属支配的时间，确保他们学会这门被称为"猴子的喂养"的难学但有益的管理艺术。

这位经理还会剩有大量自由支配的时间，不仅可以更好地管理受上司支配的时间，还可以更好地管理受组织支配的时间，从而有效控制这两方面的时间安排和工作内容。这也许需要几个月时间，但与过去相比，回报却是很丰厚的。该经理的最终目标是管理好自己的时间。

2.3.4 摆脱背上的"猴子"

星期一上午，经理故意姗姗来迟，四位下属已经聚集在他的办公室外，等待他来讨论他们的"猴子"。他把他们一一叫进办公室，每次拿出一只"猴子"，摆在两人之间的桌面上，为下属确定下一步的行动。对于处理某些"猴子"来说，的确要费一番周折才行。如果无法确定下一步行动，经理就权且让"猴子"在下属的背上过夜，让他或她在第二天上午约定的时间带着"猴子"回来，继续为下属探求下一步行动（"猴子"这一夜在下属的背上与在上司的背上一样睡得香甜）。

每位下属起身离开时，经理欣慰地看到一只"猴子"趴在下属的背上离开了办公室。在随后的 24 小时里，不是下属等候经理，而是经理等待下属。

后来，经理似乎为了提醒自己中途进行一下有益的活动且不违反规定，踱着步子经过下属的办公室，从门外探进头去，喜滋滋地问："事

情进行得怎么样了？"（在做这件事上耗费的时间对经理来说是自由支配的时间，而对下属来说则是受上司支配的时间）

2.3.5 把主动性还给下属

通过背上的"猴子"这个比喻，力求说明的是经理们可以把行动的主动性还给下属，并使下属始终保持这种主动性。发掘下属的主动性之前，经理必须保证下属具有主动性。一旦经理把这种主动性还回去，自己就不再拥有，就能减少受下属支配的时间，增加自己的自由支配时间。

2.3.6 "猴子"的喂养

"对工作时间安排和工作内容加以控制"是关于时间管理的一条有益建议。

① 经理可以通过消除受下属支配的时间，以扩大自己自由支配的时间。

② 经理应该把一部分增加的自由支配时间用来确保下属具有主动性，并加以发挥。

③ 经理把另外一部分增加的时间用于控制上司和组织分派的任务。所有这些步骤都将增加经理控制时间的能力，使他们在"管理时间"上花费的每一个小时都能无限增值。

结论：在压实安全责任方面，我们应该从"谁背上了猴子"的故事受到启发。责任落实到岗位，上级领导不能替下级做工作，维护现场安全是基层干部的责任，而不能由上级的上级越俎代庖；专业人员不能替操作岗位工作，安监干部不能替作业岗位查找隐患，该是谁的"猴子"谁背着，不能让"猴子"跳到别人的肩上。

2.4 风险世界，必须全员参与管理

2.4.1 充满风险的世界

我经常说，我们工作生活在充满风险的世界里。但这并不是我个人的见解。世界 500 强企业中的佼佼者 BP 公司就一再告诫自己的员工："在一个充满风险的世界及行业里……"危害常伴左右，风险如影随形。

要是这个世界没有风险该多好啊！

"不如意事常十之八九。"中国人早就知道，不可能就那么天遂人愿。风险总是与我们的生活和工作相伴而行。

（1）先说生活。

我们从牙牙学语、蹒跚学步，到背上书包去上学，父母叮嘱我们最多的是"小心"。二十年前，我第一次去上海，听不懂上海话，但对街上行人、公交车乘务员一声声的提醒却听得很明白，"当心"不时飞进耳朵，让我立时增加几分警觉。

每个人的生活中都不可能没有危险。即使有人哪儿都不去，只躲在屋里，若房屋质量不过关，摇摇欲坠，随时都可能倒塌，也还是有危险。出门上街，刮风下雨，巨幅广告牌也可能掉下。遇到红绿灯，一不留神，早迈了脚步，就有可能被轧到。走过工地时，若只顾向前，忘了看上面和脚下，不是掉入深坑，就是遭遇飞来横祸。

（2）再说工作。

做生意有赔本的风险，种庄稼有遭遇自然灾害而颗粒无收的风险。正常上班，路上会有风险，岗位上也有风险，所以，企业一再提醒：平平安安上班，高高兴兴回家。这说明，能够正常下班回到家就是件值得高兴的事情。

我儿子高中还没毕业的时候，利用假期打工，找了份在大酒店做服务生的临时工作。我和他妈妈不放心，在他耳边唠叨，让他上班小心。

他听多了就有些不耐烦，说做服务生又不是开飞机，能有什么事？干了半个月以后，他才知道家长说得有道理：同去的临时服务生，要么碰破了手指，要么扭伤了腰。他因为提前接受了家庭安全教育，工作细心，才避免了伤害。

其实，风险和危险是两个含义不同的词。各类风险发生概率如表5-2所示。

表 5-2 各类风险发生概率

风险事故	发生概率
死于手术并发症	1/80000
因中毒而死（不包括自杀）	1/86000
骑自行车时死于车祸	1/130000
吃东西时噎死	1/160000
被空中坠落的物体砸死	1/290000
触电而死	1/350000
死于浴缸中	1/1000000
坠落床下而死	1/2000000
龙卷风刮走摔死	1/2000000
被冻死	1/3000000

"明枪易躲，暗箭难防。"在战场上，你知道对方阵地在什么地方，什么时间开枪，这没有什么可怕。可怕的是，有人在你不知不觉的情况下朝你放冷枪，让你时刻感受到危险。

你看到对方朝你开枪，是决定了的事实，不是危险，是正在发生的灾难。

危险是什么？是可能产生的潜在损失。

风险和危险不一样，风险是个更大范围的概念，它是危险事件出现的概率，表示出现危险的可能性大致会有多大；风险的另一个含义是危险出现的后果严重程度和损失的大小比例。危险是一个事实，是定性的东西；风险是可以量化的，能够用数字来表示[①]。

2.4.2 风险管理是安全管理的主要内容

安全的对立面不是事故，而是风险。企业者仅仅把安全管理的重点放在事故上，只能说这是亡羊补牢、事后管理。只有把安全管理的重点放在风险上，有效地控制风险、科学地防范风险，才能避免事故，才符合安全管理的宗旨。管理风险、控制危险、预防事故是企业安全管理的核心内容。

（1）风险管理的第一步，正确估量风险。

现在，国家要求工程设计和环保评价同时进行，即在工程设计之初就要考虑可能对环境带来的损害。风险评价是对企业所处安全风险的整体认识，是把不确定的可能损害概率精确化，风险评估一般由专业人士进行。

$$风险 = 暴露频率 \times 严重性 \times 可能性$$

生活事件风险如表 5-3 所示。

表 5-3　生活事件风险

活动	每年死亡风险	每百万人口死亡数目（人）
蜂叮	2×10^{-7}	0.2
雷击	5×10^{-7}	0.5
路上行走	1.85×10^{-5}	18.5
骑自行车	3.85×10^{-5}	38.5
骑摩托车	1×10^{-3}	1000
每天抽一包烟	5×10^{-3}	5000

（2）风险管理的第二步，把风险的评价结果转换成可以认知的危险。

这个步骤理解起来可能有些困难。我在这里讲一个故事。

---

① 祁有红：《生命第一：员工安全意识手册（12 周年修订升级珍藏版）》，北京，企业管理出版社，2022.06。

我国黄河以南的地区屋子里一般情况下都没有暖气，过去冬天冷时，很多人会在屋里生些炉火。有位父亲一直担心在炉火旁玩耍的儿子，生怕他会被火烫伤、灼伤、烧伤。面对如此大的风险，这位父亲对儿子开展了安全教育，但不到三岁的孩子根本记不住，还在炉子旁疯玩。父亲想了个办法，让小孩把手贴在炉子的外壁上。孩子的手刚放过去，就被烫得立马缩回来。这一下，他才知道水火无情，炉火是一种实实在在的危险。之后，他再也不敢离炉火太近了。

把风险转换成危险，在安全管理上尤其必要。因为，你拿风险评价报告给员工看，员工是没有兴趣的，也引起不了他们的警觉。而把抽象的风险概率表述成实实在在的危险，才是对某些吊儿郎当员工的当头棒喝。

（3）风险管理的第三步，实行全员风险管理，发动全员辨识危害。

全员风险管理不是全面风险管理。我们企业经营管理的各个方面都被风险所包围。全面风险管理主要是管理层的事情，而战略风险、财务风险、市场风险、运营风险、法律风险等各方面风险防范中，只有运营风险牵涉每个岗位。所以，全员风险管理就是让每个岗位上的员工主动参与对工作场所和工作行为的风险评估，并且在这一环节实现由风险向危险的认知转换，即每个人都参与到辨识查找危害之中。

认识到工作生活的风险无所不在，每个人在全员风险管理中要肩负起自己的责任。

达尔文进化论有个说法，叫"适者生存"。在充满风险的环境中，我们对"适者生存"的理解可以进一步确定为"惶者生存"。

"惶"是惶恐的"惶"，只有当我们知道害怕，才会诚惶诚恐、小心翼翼、规避风险，才可以在充满风险的世界求得生存[①]。

---

① 祁有红：《生命第一：员工安全意识手册》，北京，新华出版社，2010.05。

③ 团队安全的责任限定

3.1　布莱德利文化进化曲线（见图 5-2）

杜邦公司的布莱德利受到史蒂芬·柯维的《高效能人士的七个习惯》的启发，将在每个现场发现的行为与柯维的依赖、独立、相互依赖框架相关联，并将其与安全绩效联系起来。布莱德利文化进化曲线（Bradley culture curve）描述了杜邦企业安全文化建设过程中经历的四个不同阶段，可概括为员工的安全行为处于自然本能阶段、严格监督阶段、独立自主阶段、团队互助阶段。

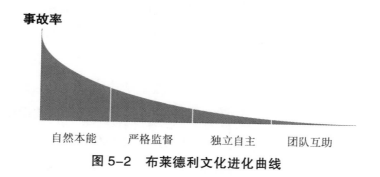

图 5-2　布莱德利文化进化曲线

应用该模型，并结合模型阐述的企业和员工在不同阶段所表现出的安全行为特征，可初步判断某企业安全文化建设过程所处的状态及努力的方向和目标。

3.1.1　第一阶段：自然本能

在这个阶段，企业和员工对安全的重视仅仅是一种自我保护的自然本能反应，安全承诺仅仅停留在口头上，安全管理依靠人的经验和本能。这个阶段事故率很高，安全生产不受控，安全业绩靠运气。处在该阶段时企业和员工对安全的重视仅仅是一种自然本能保护的反应，表现出的安全行为具有如下特征。

① 依靠人的本能——员工对安全的认识和反应是出于人的本能保护，没有或很少有安全的预防意识。

② 以服从为目标——员工对安全是一种被动的服从，没有或很少有安全的主动自我保护和参与意识。

③ 将职责委派给安全经理——各级管理层认为安全是安全管理部门和安全经理的责任，自己仅仅是配合的角色。

④ 缺少高级管理层的参与——高级管理层对安全的支持仅仅是口头或书面上的，没有或很少有在人力、物力上的支持。

3.1.2 第二阶段：严格监督

这一阶段，企业建立了必要的安全管理系统和完善的规章制度，各级管理层明确知晓肩负的安全责任，各级管理者对安全作出明确的承诺。但员工对安全的认识程度仍然不高，知晓规章制度的要求，但不理解为什么这样规定、这样要求，处于被动执行阶段，遵守规章制度是由于害怕纪律处分，执行制度缺乏自觉性，必须依靠严格的监督管理。这个阶段，安全业绩有所提高，但仍然无法做到可控、受控。处在该阶段时企业已建立起了必要的安全管理系统和规章制度，各级管理层对安全责任作出承诺，但员工的安全意识和行为往往是被动的，表现出的安全行为具有以下特征。

① 管理层承诺——从高级管理者至生产主管的各级管理层对安全责任作出承诺并表现出无处不在的有感领导。

② 受雇的条件——安全是员工受雇的条件，任何违反企业安全规章制度的行为都可能导致被解雇。

③ 害怕／纪律——员工遵守安全规章制度仅仅是害怕被解雇或受到纪律处罚。

④ 规则／程序——企业建立起了必要的安全规章制度，但员工的执行往往是被动的。

⑤ 监督控制、强调和目标——各级生产主管监督和控制所在部门的安全，不断反复强调安全的重要性，制定具体的安全目标。

⑥ 重视所有人——企业把安全视为一种价值，不但就企业而言，而且是对所有人，包括员工和合同工等。

⑦ 培训——这种安全培训应该是系统性、针对性设计。受训的对象应包括企业的高、中、低层管理者，一线生产主管、技术人员、员工和合同工等。培训的目的是培养各级管理层、员工和合同工具有安全管理的技巧和能力，以及良好的安全行为。

3.1.3 第三阶段：独立自主

这一阶段，企业具备完善的安全管理系统，员工具备良好的安全意识，知道且深刻理解规章制度要求，执行制度是主动的、自觉的。这个阶段，员工已经不把安全当作负担，而是作为自身生存的需要和价值的体现，企业的安全目标基本实现受控、可控。此时，企业已具有良好的安全管理及其体系，安全获得各级管理层的承诺，各级管理层和员工具备良好的安全管理技巧、能力及安全意识，表现出的安全行为具有以下特征。

① 个人知识、承诺和标准——员工具备熟识的安全知识，员工本人对安全行为作出承诺，并按规章制度和标准进行生产。

② 内在化——安全意识已深入员工内心。

③ 个人价值——把安全作为个人价值的一部分。

④ 关注自我——安全不但是为了自己，而且是为了家庭和亲人。

⑤ 实践和习惯行为——安全无时不在员工的工作中、工作外，成为其日常生活的行为习惯。

⑥ 个人得到承认——把安全视为个人成就。

3.1.4 第四阶段：团队互助

这个阶段，安全已经成为公司所有员工的精神基因，融入员工的日常行为习惯，员工不仅自己注意安全，还主动帮助别人，不伤害自己、不伤害别人、不被别人伤害，进入安全管理的最高境界。这个阶段，安全工作已经不依靠管理，而是依靠安全文化，安全生产长效机制有效形成。

此时，企业安全文化深得人心，安全已融入企业组织内部的每个角落。生产讲安全、讲健康、讲环保。表现出的安全行为具有以下特征。

① 帮助别人遵守——员工不但自己自觉遵守，而且帮助别人遵守各项规章制度和标准。

② 留心他人——员工在工作中不但观察自己岗位，而且留心他人岗位上的不安全行为和条件。

③ 团队贡献——员工将自己的安全知识和经验分享给其他同事。

④ 关注他人——关心其他员工，关注其他员工的异常情绪变化，提醒安全操作。

⑤ 集体荣誉——员工将安全作为一项集体荣誉。

3.2 共同体理论的内容

芝加哥大学康德法学院史蒂文 . J. 海曼教授创立了民事救助义务的理论，称为救助义务的自由——共同体理论。救助者和被救助者不但是陌生人，而且是一个更广泛共同体的成员。个人对其他社会成员负有救助义务，救助义务在刑法和侵权法中都具有法律强制力。他认为，国家必须保护处于危险中的人的生命安全。虽然国家通常通过其官员履行这种职责，但在某些情形下官员可能不在场或可能需要协助。

一般救助义务也源于社会契约，能够延伸至对个人承担的义务。若缔结契约的其他当事人为其自身利益所承担的义务未能救助他人脱离危险，不仅为不法行为，还对他本应救助的人存在过错。所以，适当的赔偿不仅包括对受害者所承担的民事责任，还包括对国家所应承担的刑事责任。具体来说，共同体理论包括以下几个方面。

3.2.1　共同体理论强调保护个人权利和增进个人福利

它认为这一保护只有在共同体中才能充分实现，而在这一共同体中，其成员同意承担既为共同体、又为其他成员利益行为的义务，认为公共利益并没有独立于个人权利和福利，而是将二者结合起来，均成为利益的组成部分。

3.2.2　共同体理论在法律和道德关系上采取折中主义

它认为只有当道德义务被转化为与权利相对应的义务或社会的义务时，才能被强制执行。救助义务并非建立在道德之上，而是因为作为社会的一名成员，处于危险中的人享有被救助的权利，救助者负有救助的义务。处于同一社会中的个人之间不仅是陌生人的关系，还是同胞，这种关系是救助义务的基础。个人因他人违反救助义务而遭受损害，即享有获得补偿的私法权利，而承担这种补偿责任的主体是不履行救助义务而应该承担的人。

3.2.3　共同体理论概括了救助义务的特征

（1）关于所有公民都适用的一般义务。

它所概括的救助义务要求公民在紧急情况下采取合理而必要的

措施，以消除将造成死亡的重大危险或阻止对他人的严重人身损害，除非该救助行为会给救助者或第三人带来死亡的重大危险或造成严重的人身损害。容易救助是它所指的一般救助义务中很小的一部分。即使在没有法规规定的一般救助义务的情况下，法院认可狭义的救助义务（*即容易救助*）几乎没有困难。

（2）特殊义务是一种更为广泛的救助义务。

特殊义务包括关于特殊关系的人之间的义务。一般救助义务的范围是非常有限的，即每个成员应当给予其他任何成员的援助——保护他人或使他人远离能致人死亡或造成严重人身伤害的危险。这些特殊关系的共同体包括家庭关系、契约关系（*以及其他合意关系*），以及像大学或工作单位这样的有限共同体。

（3）特殊义务还包括因为个人处于特殊位置而产生的特殊义务。

在该位置上，它可以协助国家实现保护公民安全的目标，这种特殊义务不限于紧急情况，但要求行为人事先防范危险。共同体理论为旁观者救助提供了坚实的理论基础。

3.3 旁观者容易救助义务

在团队安全中，20世纪90年代有一个颇具中国特色的安全原则——"三不伤害"，即不伤害自己、不伤害他人、不被他人伤害。按照共同体救助义务，进入21世纪，加入了"保护他人不受伤害"，即形成了"四不伤害"。近几年，一些企业进一步发展了"四不伤害"原则，加入了"不让他人伤害他自己"，成了"五不伤害"。

从现代工业化国家引进的旁观者容易救助义务，是"三不伤害""四不伤害"乃至"五不伤害"的宗旨。

旁观者必须承担的容易救助义务有以下三个条件。

3.3.1 他人面临生命或重大健康危险

确定旁观者容易救助义务的首要条件，是他人的生命或重大健康受到侵害，或者面临受侵害的高度危险威胁。也就是说，他人面临生命或重大健康危险是旁观者的救助义务产生的前提条件。德国法律包含了要求行为人在他人财产面临危险的时候对他人财产进行救助的含义。

3.3.2 需要救助的是正在发生的紧迫性危险

容易救助义务的产生条件之二是受害人遭受的是正在发生的紧迫性危险，需要救助。

确定旁观者救助义务的条件之一就是他人处于紧急危险的状态。他人只有存在紧急危险、处于无助状态时，一般主体才负有救助义务。非紧迫状态不产生救助义务，如某人被检查出患有癌症，不治疗会死亡，不会产生救助义务。癌症是一个长期威胁到人的生命健康的危险，这不是紧急抢救就可以解决的问题。但如果是某人突然晕倒，呼吸困难，需要紧急抢救，这时就可能产生救助义务。危险必须正在发生。仅仅是他人生命、重大健康的潜在危险不能产生容易救助义务。危险必须有紧迫性，只有那些具有紧迫性危险的情况，才能成为旁观者救助义务产生的原因。如果该危险不具有紧迫性，就有充裕的时间寻求其他的救助方式。

需要救助是旁观者产生救助义务的必要条件。"需要救助"包括以下几种情况。

① 危难者的生命、健康利益处于危险之中且无法进行自救。身处险境或困境中的人若可以自己摆脱此种危险状态，行为人无须就其没有救助他人的行为承担侵权责任。

② 危难者处于特定危难中，无法及时得到公力的救助。

③ 危难者并未得到其他人的有效救助。如果危难者已经得到他人

的有效救助并脱离生命、健康严重危险的威胁时，那么负有救助义务的旁观者则免除救助义务。意大利刑法典规定，当受害人不能照料自己时、显然已经奄奄一息、受伤或因为其他原因处于危险之中时，行为人应当对他人承担救助义务。

3.3.3　不会危害行为人或他人的生命健康权

容易救助义务的产生，救助行为不会以危害行为人或他人的生命健康权为条件。生命健康权是公民最基本、最重要的权利，是公民享受其他权利的基础。生命健康权包括生命权和健康权两部分，生命安全、身体健康受法律保护的权利，任何组织和个人都不得非法侵害。

3.4　旁观者的不作为侵权行为

民法学中将行为分为作为与不作为。作为通常是指行为人在其意识的支配下，积极地有所为，表现为对周围环境中的某些现象或事件进行积极的、有意识的干预。与其相对的不作为则是有所不为，可以描述为行为人在意识的支配下，积极地有所不为，但不作为并不是单纯的完全不为，它只是针对特定的行为不为，即法律所要求的特定行为不为而言。

3.4.1　旁观者没有履行积极义务的不作为

德国学者克雷斯蒂安·冯·巴尔教授做了一个经典的描述："一个被广泛接受，甚至已被成文法所规定的法制观念是，不当行为责任要么是作为责任，要么是不作为责任。作为就是指侵权行为人在受害人的法益上制造了危险，是行为人积极的举止动作；不作为则是指未排除威胁到受害人的危险。"

侵权责任源于作为义务与不作为义务。

① 作为义务是指行为人要积极从事某些行为、采取某种措施，保护他人利益，防止他人遭受不合理的损害危险。从历史和传统上看，侵权法主要规范的是作为行为导致的侵权问题，行为人对外担负的义务主要是不作为义务。随着社会的进步和法律发展，人们对权利保障的要求越来越高，侵权法的作为义务有所扩张，不作为已被纳入侵权行为且为法律规范所确认，作为义务成为侵权法上的重要内容。旁观者的容易救助义务在许多国家被法律化，甚至设置旁观者不救助犯罪机制。

② 不作为是相对于作为而言的，指行为人负有实施某种积极行为的特定的法律义务，能够实行但不实行的行为。不作为是行为的一种特殊方式，与作为具有一种相反关系。然而不作为的行为性证明与作为不同。考察旁观者不作为在一定条件下要承担侵权责任，须着眼于该行为在社会上的价值角度，思考为什么在特定条件下要不作为者承担民事责任，不作为侵权是侵权行为方式中的一种，才得到合理解释。法律在综合考虑人的生命权、重大健康权的保障，以及个人自由保护平衡基础上，赋予符合条件的旁观者以容易救助义务，而旁观者没有履行救助义务的身体相对静止的行为即具有行为性。

3.4.2 行为人在现场知悉他人身处险境

行为人的侵权行为是否要求在现场作为条件，各国法律规定和司法实践各有差别。

关于是否要求潜在救助者在危险事故现场的问题，原则上，只有在危险事故现场的旁观者才能被认定为潜在救助者，负有救助的义务；如果行为人不在事故现场，即使知道他人正遭受危险，也不能要求其承担救助义务。但是，对此有一个例外，当负有法定救助职责的行为人即便不在危险事故现场，也负有及时赶赴并救助的义务。

只有行为人在他人面临危险或困境的事故现场，法律才能责令行为人对他人施救。但对此的例外是，当承担法定救助职责的人得到他人身处险境的通知时，即便不在事故现场，也有及时赶赴现场对他人实施救助的义务，否则应当承担侵权责任。

3.4.3 行为人有能力承担救助义务

行为人必须是有能力履行救助义务的人。法律不能强人所难，即法律不能命令人做他无能为力的事情。比如，不能苛求一个不会游泳的人下水救助落水者。关于行为人是否有能力的评价要根据具体情况确定。救助的手段不一，对救助者的能力要求不同，救助者应尽其所能履行义务。所谓尽其所能，其范围的确定可以看实施救助行为是否危及本人生命，或者是否会造成其他更严重的损害。如德国通过判例对救助义务的承担提出了三个条件。

① 应当采取的救助措施是人们能够预料到行为人能采取的措施；

② 采取的救助措施应是对行为人自身安全没有重大威胁的情况下能采取的；

③ 采取的救助措施不会妨碍行为人承担的其他重要义务的履行，这些规则的限制体现了法律不会要求行为人在没有救助能力的时候对他人进行救助[1]。

---

[1] 蔡唱：《旁观者不作为侵权责任研究》，长沙，湖南大学出版社，2016.12：108-111。

第6章 C H A P T E R

安全责任的履行与认定

❶ 权责恒等式

企业在隐患整改时，为了明晰责任，通常都会指定相应责任人负责落实工作。一些企业的隐患整改责任人由于责权不相当，比如缺乏相应协调资金、现场监督等权限，导致其难以履行相应职责，最后还可能因整改不合格发生事故而成为"背锅侠"。

我们有必要厘清责任、权力、权利、义务相互之间的关系，才能更好地履行责任。

1.1 责任和权力一致性

责任是权力的核心。法律规范组织或个人必要权力的同时，必须规定其相应的责任并有严密的程序作保证。这样才能真正实现规范和约束权力，确保权力与责任相统一，做到有权必有责、用权受监督、违法要追究、侵权要赔偿。

1.1.1　责任和权力之间的背离

（1）权责不对等。

责任和权力在安全管理中经常会出现背离，要么"有权无责""权大责小"，会有强令冒险作业；要么"有责无权""责大权小"，没有整改隐患所需要的调动资源的权力，却会在事故后被追责。"有权无责"和"权大责小"都属于权力的不正常扩张；"有责无权"和"责大权小"则属于责任的不正当划分，其根源还是来自外部权力被侵蚀。

（2）权力扩张性。

为什么说权力具有自我扩张性且容易被侵蚀？因为权力的诱惑是巨大的，可以说权力有多大，自由就有多大。权力本身具有强制力和支配力，是进行社会性分配自由权力的工具。对于权力的追求，切合了人性贪欲的弱点，为此，不仅权力存在自我扩张的本性，甚至连权力周边的人们都可能会想方设法获取权力。如果权力被以不正当的手段获取，那么必然会用于谋取私利，从而不会顾及责任，就会导致自己"有权无责"或"权大责小"，而致使其他人"有责无权"或"责大权小"。

（3）职权自由裁量空间。

即使是在职责范围内运行的权力，职权本身也还有一定的自由裁量空间。当这种自由裁量空间过大且没有任何外部有效监督时，就可能会不时地背离责任。比如说有的地方干部指使员工无证上岗进行特种作业，并没有不作为，但他违背了权力行使的正当性，属于"过度作为"的乱作为。

1.1.2　权责统一的必要性

权力与责任的统一，是指行使和运用的权力要受到相应的制约，必须采取积极的措施和行动依法履行其职责，否则承担相应的责任。权力是责任的前提，主体不履行或不充分履行法定的职责，行使了超越法定的权力，就必须承担由此产生的法律责任。

权责统一也叫权责一致，在法理学中就是权利和义务的统一，不能离开义务谈权利，也不能离开权利谈义务，两者是不可分割的整体。在宪法里，权责一致是权力制约原则的体现，国家机关的权力来源于人民，权力制约是法治国家的基本特征。履行法律规定的职责，法律就必须同时赋予其权力，若无权力，职责也将无法行使，但权力运用不当，就应受到追责。

权责一致是职权和职务的统一，即权利和义务的统一，其是不能放弃的，放弃权力、不积极行使权力、滥用权力就需要承担法律后果，即相应的法律责任。在行使职权和履行职责的互动和制约关系中，应以履行职责为本、行使职权为末。如果没有权责一致，全员安全生产责任制就会流于形式，最后的结果必定是混乱无序。仅有职责但没有权力，程序也就无法正常运转。

权责统一的法律基础就体现在其责任机制和监督原则上。责任机制是指通过一定的方式和途径使得主体承担相应的法律责任，而核心就是监督和制约。权力缺乏监督，必然导致滥用。

1.1.3 责任和权力之间的对应

2014 年以后，政府推出了"三张清单"——"权力清单""责任清单"和"负面清单"。权力清单重在明确职权范围、职权内容，将权力关进制度的"笼子"。责任清单创新完善政府管理方式，建立服务型政府，建立责任追究制度。三张清单强调了责任和权力的统一。

管事少和管事多都不一定是好的责权结构。好的权责结构必须要做到权责对等，要么权大责亦大，要么权小责亦小。从根本上来说，责任和权力须对等，是由权力的合法性要求所决定的。权力的合法性要求来自以下两方面。

① 权力来源于人们自由权利的一种让渡，先有人们的自由权利，后有主体的权力；

② 权力的目的是在接受人们所让渡的权利委托之后，为人们创造福祉，并维护人们自由权利不受侵犯的秩序。

这两点缺一不可，否则权力就不具有合法性。也就是说，只有履行对等的责任，权力才具有完整的合法性。

权力的自我扩张性、易被侵蚀性和权力主体的自由裁量空间，容易导致责任和权力之间的背离。保障权力的合法性，则需要主体履行对等的责任，这就要求在活动中将责任和权力结合起来，构建责任性权力，并且在职权僭越职责时要被问责。这种责任性权力的构建和问责程序恰恰构成了责任对权力的约束和保障机制。

1.1.4 权责关系的形成

权责关系的逻辑是先有责任委托，后有权力权限。因此，责任性权力就是指以责任为导向且权责对等的权责关系结构。责任性权力始终将责任放置在前，将权力放置在后。我们要对需要履行的责任进行梳理和归总，确定责任清单。

（1）先定责就是以责任为先导。

因为职责包括"积极作为"和"不乱作为"两部分，这就要求在定责时对"要做什么"和"不能做什么"同时规定清楚，要确定哪些事情是主体必须管的，哪些事情是主体不应该管且管不好的。主体应不干预不该管的事，把该管的事情管好。

（2）清理职权。

依据责任清单，清理职权。

① "减权"，对职责对应的职权做减法，确定哪些权力实际上是没有必要的。

②　"合权"，看看哪些权力分项是可以完全统合到一块儿的，避免政出多门。

③　"核权"，核查权力和职责，看哪些地方是有空隙和出入的，扫除"三不管"地带。

④　"确权"，主要是检查权力整体运行的流畅程度，并对权力运行可能受阻的地方进行清理。

（3）确定职权。

根据职权清理结果编制"权力清单"和"权力行进地图"。有了责任清单、"权力清单"和"权力行进地图"，活动就有了依据。

（4）制度化。

最重要的是要通过法律或制度将其固定下来，以做到"不以人的更换而改变，也不因人注意力的改变而改变"。总之，在构建责任性权力中要秉承"责任导向"和"权责对等"两条原则。

1.2　权利与权力的关系

权利（Right）与权力（Power）是法律世界最重要的概念。我们来看安全管理中的一个现象：干部行使权力违章指挥，从业人员依法获得安全生产保障的权利就会被侵害，法律对应赋予从业人员有权对本单位安全生产工作中存在的问题提出批评、检举、控告；有权拒绝违章指挥和强令冒险作业；发现直接危及人身安全的紧急情况时，有权停止作业或在采取可能的应急措施后撤离作业场所。《安全生产法》提到的从业人员"有权"的"权"，指的就是权利。

权利所包含的四个要素里，就有权力一项。权利与权力之间具有相互依存的关系，这主要表现在以下两个方面。

（1）权利是权力的本源，即无权利便无权力。

从社会契约论的观点出发，任何国家权力无不是以民众的权力（权利）让渡与公众认可作为前提的。虽然这种"自然权利"学说不一定反映历史的真实，但权力来源于权利却已经成为民主社会的基本观念。权利应当是权力的本源，权力是巩固、捍卫权利而存在的，没有了权利，权力也就失去了存在的必要。

（2）权力是权利的后盾，即无权力的保障便无从享受权利。

权利虽然是权力的源泉和基础，但是作为人们相互之间的认可和承诺，又是非常脆弱的，易受到来自外界的侵害。因此，个人权利若离开了国家强制力的保障则难以实现。

1.3　权利与义务的关系

《安全生产法》要求："生产经营单位的从业人员有依法获得安全生产保障的权利，并应当依法履行安全生产方面的义务。生产经营单位使用被派遣劳动者的，被派遣劳动者享有从业人员的权利，并应当履行规定的从业人员的义务。"同时，该法还专门设立一章，叫"从业人员的安全生产权利义务"，权利和义务成为对立统一的整体。

权利和义务是法律界定社会关系的两种方式或手段，二者的基本功能是一致的。但是，从具体法律关系的内容来看，权利和义务在职能上又有一定的分工，各自发挥作用的方式、方向和范围有所不同。主体不能只享有权利或仅履行义务，或权利多于义务，或义务多于权利，实际上，法律所规范的主体权利和义务都是不可或缺、对立统一的。

（1）权利和义务不可分离。

权利不能离开义务而存在，义务也不能离开权利而存在，二者在一定条件下具有同一性。权利与义务的相互依存性则表现为，权利或义务都不可能孤立存在和发展，一方的存在和发展都必须以另一方的存在和发展为条件。而且权利和义务之间可以相互转化，权利人在一定条件下要履行义务，义务人在一定条件下享有权利，法律关系中的同一主体可能既是权利人又是义务人。

（2）权利和义务互相作用。

由于权利和义务在结构上的相互贯通，也决定了两者在功能上的相互补充、相互促进。更重要的是，法律是以权利和义务这种双向机制来指引人们行为的。权利与义务一个表征利益，另一个表征负担；一个是主动的，另一个是被动的。它们是两个分离的、相反的成分和因素，即两个互相排斥的对立面，因此，二者可以实现功能上的互补。权利表征利益，以正向的利益引导人们行为；义务表征负担，以负向的利益引导人们行为。权利以其特有的利益导向和激励机制作用于人们的行为，它符合人们追求利益的天性，将人们的行为引导到合理的方式与正当的目标上来。义务在本质上是利益负担和责任后果，行为如果不按法律义务的要求，则承担更大的负担和不利后果，所以，义务以其特有的约束机制和强制机制使人们从有利于自身利益的角度出发选择行为。

（3）权利与义务具有同一价值量。

在特定社会中，社会权利价值量总和与社会义务价值量总和是相等的；在一个具体"利益"事物中的权利价值量与对应的义务价值量是相等的，尤其是权利和义务分别指向的正利益和负利益是相等的。法律是通过权利和义务来分配利益的，权利和义务逻辑上的相关性决定了权利所能要求的与义务所能提供的在数量上必然是等值的。就整个社会而言，只有权利与义务在总量上处于等额状态，利益的付出与获得才能达到平衡，社会生活才不至于混乱。总之，权利的限度就是义务的界限，而义务的范围也就是权利的界限。

1.4　安全责权利相统一

安全责任、权力、利益三者构成统一体，缺一不可，没有权力的责任落实只能是一句空话，没有利益驱动的责任落实缺乏主动性，生存周期短。安全责权利相统一，有什么样的责任，就应有与责任相适应的权力，同时，应得到与所承担责任相对应的利益激励。责任越大，权力越大，激励制约的力度就越大，反之越小。安全责任、权力、利益相统一，必须体现全员性，如存在没有安全责任、权力、利益的岗位，安全责任体系就存在缺项，责任落实就不彻底。

安全责任的设计，要让企业内部决策层、管理层、操作层所承担的安全责任相对比较均衡，防止层与层之间责任失衡。一般地，对于一起事故而言，事故责任应遵循自下而上逐级增大的规律，即直接责任大于管理责任，管理责任大于决策责任。对于一个单位而言，安全责任应遵循自上而下逐级增大的规律，即单位内部决策层应负的责任大于管理层责任，管理层责任大于操作层责任，因为在提高生产经营单位安全管理水平时，单位安全第一责任人、决策层与管理层应该比操作岗位承担更多的责任。

② 安全责任背后的权利与义务

2.1 责任赋予的法定权利

企业里人人都承担安全生产的责任，同时享有法律所赋予的权利。

2.1.1 知情权

有权了解其作业场所和工作岗位的危险因素、防范措施和事故应急措施。

2.1.2 建议权

有权对本单位的安全管理工作提出建议。

《安全生产法》第五十三条规定："生产经营单位的从业人员有权了解其作业场所和工作岗位存在的危险因素、防范措施及事故应急措施，有权对本单位的安全生产工作提出建议。"

2.1.3 教育培训权

有权要求生产经营单位提供安全生产知识的教育培训。

《安全生产法》第二十八条规定："生产经营单位应当对从业人员进行安全生产教育和培训，保证从业人员具备必要的安全生产知识，熟悉有关的安全生产规章制度和安全操作规程，掌握本岗位的安全操作技能，了解事故应急处理措施，知悉自身在安全生产方面的权利和义务。未经安全生产教育和培训合格的从业人员，不得上岗作业。"

2.1.4　批评权和检举、控告权

有权对本单位的安全管理工作中存在的问题提出批评、检举、控告。

2.1.5　拒绝权

有权拒绝违章作业指挥和冒险作业。

《安全生产法》第五十四条规定："从业人员有权对本单位安全生产工作中存在的问题提出批评、检举、控告；有权拒绝违章指挥和强令冒险作业。"

《安全生产法》第七十四条规定："任何单位或个人对事故隐患或安全生产违法行为，均有权向负有安全生产监督管理职责的部门报告或举报。"

2.1.6　紧急避险权

发现直接危及人身安全的紧急情况时，有权停止作业或在采取可能的应急措施后撤离作业场所。

《安全生产法》第五十五条规定："从业人员发现直接危及人身安全的紧急情况时，有权停止作业或在采取可能的应急措施后撤离作业场所。"

2.1.7　获得工伤保险权

有权获得本单位为本人办理的工伤保险。

2.1.8　要求赔偿权

因生产安全事故受到损害时，有权向本单位提出赔偿要求。

《安全生产法》第五十六条规定："生产经营单位发生生产安全事故后，应当及时采取措施救治有关人员。因生产安全事故受到损害的从

业人员，除依法享有工伤保险外，依照有关民事法律尚有获得赔偿的权利的，有权提出赔偿要求。"

2.1.9 安全生产保障权

获得符合国家标准或行业标准的劳动防护用品。

《安全生产法》第六条规定："生产经营单位的从业人员有依法获得安全生产保障的权利，并应当依法履行安全生产方面的义务。"

2.2 责任对等的法定义务

安全责任在法律条文中更多地表现为法定义务。有关从业人员义务的法律规定包括三个方面。

2.2.1 自觉遵守的义务

从业人员在作业过程中，应当遵守本单位的安全生产规章制度和操作规程，服从管理，正确佩戴和使用劳动防护用品。

《安全生产法》第五十七条规定："从业人员在作业过程中，应当严格落实岗位安全责任，遵守本单位的安全生产规章制度和操作规程，服从管理，正确佩戴和使用劳动防护用品。"

2.2.2 自觉学习安全生产知识的义务

从业人员要掌握本职工作所需的安全生产知识，提高安全生产技能，增强事故预防和应急处理能力。

《安全生产法》第五十八条规定："从业人员应当接受安全生产教育和培训，掌握本职工作所需的安全生产知识，提高安全生产技能，增强事故预防和应急处理能力。"

2.2.3 危险报告义务

从业人员发现事故隐患或其他不安全因素时，应当立即向现场安全管理人员或本单位负责人报告。

《安全生产法》第五十九条规定："从业人员发现事故隐患或其他不安全因素时，应当立即向现场安全管理人员或本单位负责人报告，接到报告的人员应当及时予以处理。"

③ 安全责任的认定

3.1 明确职责与权限是基础

企业的全体员工及承包商都要确立明确的职责与权限以确保安全。

对各个岗位以书面形式进行明确的安全职责和权限界定,确保新任人员理解。企业安全责任足够全面,以解决相关的工作活动和危害。在制度、设施、活动层面上明确界定所有权人的范围和权限,积极管理界面问题。企业的功能、职责、权限文件保持最新和准确性。权力地位、人员水平和能力、企业流程和基础设施及财务资源等,要能够与划分或授权的安全职责相匹配。

所有从业人员了解遵守标准的重要性。各级领导持续检验各角色履行职责的情况,强化和确保关键的安全责任和期望得到满足。不能实现令人满意的安全标准和预期时,应追究各级企业人员的责任。

3.2 安全责任的认定标准

法定安全责任的构成要件,是指确定企业、员工等主体是否能够承担法定安全责任的要素及其相互关系。只有这些要素全部具备,才能确定法律主体需要承担的法定安全责任,否则就不应该承担法定安全责任。法定安全责任的构成要素包括:主体、主观方面、客体、客观方面、因果关系五个方面。

3.2.1 主体和主观方面

主体是指法定安全责任的承担者。法定安全责任的主体必须是具有行为能力或责任能力的组织或个人。

主观方面，一般法律要求违法行为人主观上要有过错才承担责任。但安全生产的法律规定，行为人主观上没有过错也要承担法定安全责任，即无过错责任。

3.2.2 客体和客观方面

客体是指法定安全责任主体侵犯的对象。一般情况时，客体上要有损害事实，没有损害事实不需要承担法定安全责任。承担法定安全责任一般以具有损害的事实为限。这种损害可以是人身性的，也可以是财产性的。而且损害应该是已经发生或必然会发生的损害，而不能是虚构的或可能会发生的损害。特殊情况下，法律规定不需要有损害事实也要承担法定安全责任。刑法中一些获罪的条件不以损害为限，如"危害公共安全罪"。

客观方面是指法定安全责任主体实施的侵害行为。一般情况时，客观方面要有违法行为。违法行为可以是法定安全责任主体自己实施的，也可以不是自己实施的，而是为了他人的不合法行为承担法定安全责任。现场监护人为被监护人造成损害的不合法行为承担法定安全责任。

3.2.3 因果关系

违法事实与损害结果要有因果关系。责任主体只能对自己的行为所造成的损害承担法定安全责任。而且，一般要求这种因果关系是直接的因果关系，间接的因果关系不承担或较少承担责任。

3.3　履职尽责

　　企业要构建"凡事有人管理、有人负责、可追溯责任"的安全生产责任体系，编制全员安全责任清单，以实现岗岗明责、人人知责、事事尽责、过失追责，推进安全责任向全员化转变。

　　围绕提升履职意识和业务素质，推动安全管理人员和全体从业人员主动履职、遵守制度和安全标准，通过对履职情况的考评和联责考核倒逼相关人员履职尽责。履职尽责的标准分为三个方面。

3.3.1　主动作为，风险得到有效管控

　　安全管理人员履职意识明显增强，监督检查明确身份，形成了良好的震慑作用。全体从业人员进一步提升安全专业知识和发现问题、查找隐患的能力，对各类风险和隐患均能在第一时间把监督管控措施压实到位。按照谁主管谁负责、谁在岗谁负责的原则，对不安全行为和不安全状态等现场存在的问题能及时发现和兑现考核。

3.3.2　责任明确，工作效率明显提升

　　根据各项自身职责要求和工作流程，各级安全监督和管理人员履职得以高效协调配合，实现多层面参与监督管理，有效覆盖全时段监督。具体分析和解决现场存在的问题，安全监督的细节管控得到保障。实时暴露问题、核实整改，及时发现问题、解决问题，增加现场监督检查时间，提高对安全生产环节的有效监管。

3.3.3　奖惩并行，履职担当得以高效发挥

　　通过物质和精神激励，更好地让安全管理人员和全体从业人员积极履职，愿意发现和解决问题，敢于按规定严肃处理，人员安全意识得到

提升。发现一个问题、排查并解决一类问题的先进典型得到树立，设备和环境本质安全得到提升。失职追责，尽职免责，对待管理问题从严、从重处理，体现出安全管理制度的刚性执行，形成严管重罚的安全管理氛围，安全管理的效率和效果得到提升。

3.4　失职追责

失职追责是构建全员安全生产责任体系的"撒手锏"，是保证全员安全生产责任体系落地、落实的问责制度，其原则是有责必负、违法必究。

我国关于安全生产失职追责的现行制度规定比较健全，主要分为企业外部与企业内部两方面。

3.4.1　企业外部问责

企业外部的问责规定包括国家和地方颁布的有关法律、法规和规章及党纪、政纪的两类规定。

① 以《安全生产法》为代表的法律法规，对负有安全生产监督管理职责的工作人员和部门，承担安全评价、认证、检测、检验职责的机构，生产经营单位的决策机构、主要负责人或个人经营的投资人，生产经营单位的其他负责人和安全管理人员，生产经营单位，生产经营单位的从业人员等，均明确作出了责任追究的详尽规定。

② 在党的纪律追究方面，2007 年 10 月 8 日，中纪委印发的《安全生产领域违纪行为适用〈党纪处分条例〉若干问题的解释》，针对党和国家工作人员（包括国有企业中由政府任免的负责人）的 10 类违纪行为、30 种具体表现给予党纪处分。在政务纪律追究方面，2006 年 11 月 22 日，监察部、国家安监总局发布的《安全生产领域违法违纪

政纪处分暂行规定》（监察部 11 号令发布）针对国家行政机关及其公务员的七类 25 种表现，以及国有企业及其工作人员的五类 18 种表现给予政纪处分。

3.4.2 企业内部问责

企业内部的问责依照自身的制度和程序进行，体现有责必究、奖罚并重的原则。

① 生产经营单位应按照法律要求建立全员安全生产责任制，认真组织落实并对实施情况进行考核。当机构、岗位调整时，应针对调整后的机构、岗位重新梳理安全生产责任，进行必要的分解和组合，保持安全生产责任的适宜性。开展安全生产责任宣贯，确保各岗位人员掌握本岗位安全生产责任制内容和要求，并在工作中主动落实。人员上岗前或岗位变动时，应对上岗人员进行新岗位的安全生产责任制教育培训。

② 每年根据上级单位下达的年度安全生产责任书，结合安全生产责任制清单，组织签订全员安全生产责任书。建立、健全安全生产责任制考核奖惩制度，结合绩效考核工作定期对全员安全生产责任制落实情况进行考核，奖优罚劣；强化上级对下级负责的直线责任，直线管理者如未认真履行属地管理监督、考核责任的，将承担连带管理责任。从业人员的安全生产考核结果，按照月度、季度、半年度及年度进行考核兑现。

③ 做到失职追责，首先是明责、定责，其次才是履责、追责，从而实现安全管理从结果管理向过程管理转变，安全管理考核从结果导向向过程安全转变。同时，在实施中贯彻"自查从宽、他查从严"的原则，鼓励自我发现问题、自我改进和自我提升，真正把问题解决在基层。通过过程管理和过程考核，建立自我发现、自我改进、自我康复、自我免

疫的持续改善机制，使安全管理的适应性、充分性、有效性得到持续提升[①]。

3.5 尽职免责

法定安全责任的免除与减轻，即通常所说的免责。免责以存在法定安全责任为前提，是指虽然违法者事实上违反了法律，并且具备承担法定安全责任的条件，但是由于某些法律的规定，违法者可以部分或全部免除法定安全责任。如果单位能够证明事故行为发生之前存在有效运行的防止该事故行为的刑事合规制度，则该单位已经尽到注意义务，可以免于或减轻承担刑事责任，亦即安全生产尽职免责。安全生产尽职免责有以下几类分法。

3.5.1 按照免责的目的划分

（1）预防型免责。

预防型免责是指企业为预防安全生产违规风险的发生而事先建立的一套安全责任体系，当企业出现违规事件后，安全生产监管机构如果认定企业安全管理符合安全生产尽职免责条件，则可以免除或减轻处罚。预防型免责是大多数企业开展安全生产责任体系建设的常规方式，是企业在出现安全生产违规事件以前开展的工作，和救济型免责相比，体系建设的自主性更强，但是是否能够实现尽职免责，最终需要相关部门的认定，所以大多数企业会按照安全生产监管部门的既定要求开展安全生产工作。

（2）救济型免责。

救济型免责指的是企业发生违规事件以后，安全生产监管机构以企

---

① 谢雄辉：《突破安全生产瓶颈》，北京，冶金工业出版社，2019.10。

业承诺采取符合安全生产监管机构要求的管理措施为条件，减轻或免除企业全部或部分违规责任。

3.5.2　按照尽职免责的对象划分

（1）企业单独免责。

企业单独免责是指在违规企业满足免责的条件下，有权机构可以免除或减轻对企业的处罚，但并不因此免除从事违规活动个人的责任。

（2）企业与个人双重免责。

企业与个人双重免责是指在满足免责前提下，有权机构免除或减轻处罚，对象不仅包括企业，还包括相关个人。

3.5.3　按照免责的条件和情况划分

发生事故之后，哪种情况可以免于刑事处罚？

（1）主动报告和立功免责。

刑法规定："事故责任者在事故后有主动报告和立功表现的，可以从轻、减轻或免除处罚。事故后主动报告又有重大立功表现的，应当减轻或免除处罚。"

（2）补救免责。

法律规定："违法者在造成一定损害后，在有关国家机关追究其法定安全责任前及时采取补救措施，可以或应当部分或全部免除其法定安全责任。如在事故过程中，自动有效地防止事故结果发生的事故中止，应当免除或减轻处罚。"

（3）不安全事件。

情节显著轻微、危害不大，不被认为是事故的，这是罪与非罪的界限，对于不构成事故的，一般不追究刑事责任。

（4）事故责任人死亡的。

我国刑法实行罪责自负、反对株连的原则，加之刑事诉讼中没有缺席审判，如果事故责任人死亡的，追究刑事责任已经没有意义，因此不予追究。

3.6　不可抗力

前文曾经提到灾难与事故的区别，灾难就属于不可抗力。在安全生产中，由于不可抗力引起的人身伤害和财产损失，属于有条件免责情形。

3.6.1　不可抗力的"三不一客"原则

——不可预见；

——不可避免；

——不可控制；

——客观情况，与当事人的疏忽或错误无关。

3.6.2　不可抗力有条件免责

① 全部满足"三不一客"原则方可免责。损害结果的发生不但是当事人不可预见、不可避免、不可控制的，并且"三不"是客观存在的情况，与当事人的疏忽或错误没有关系，才符合完全免责条件。

② 部分满足"三不一客"原则，视当事人错误承担和损害后果确定应负的责任。如地震本身是不可抗力，但建筑物的抗震等级是可以控制的。建筑物面对抗震等级以内的地震受到严重破坏，有权机关可以追究相关方的责任。同样地，台风本身是不可抗力，但由于有气象台的预

报，台风就属于可以预见的。台风中造成的损失，根据当事人行为是否失当，来判断相关方是否可以免责。

③ 当事人延迟履行或消极履行职责限定的相应义务后，发生不可抗力的，不免除其责任。

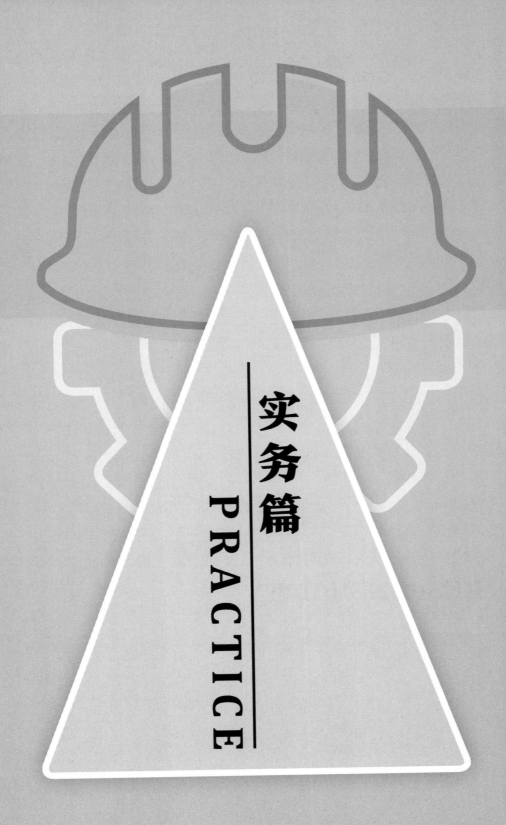

实务篇

PRACTICE

SAFETY

RESPONSIBILITY

第7章 CHAPTER

安全生产责任体系

① 构建安全生产责任体系的原则

1.1 "党政同责"原则

中国共产党的领导是中国特色社会主义制度的本质特征。我国社会主义市场经济的性质也决定了企业必须履行其社会责任。各级领导干部必须把人民的生命安全放在心上，担负应有的安全责任。

2013 年 7 月，习近平总书记提出落实安全生产责任，要党政同责、一岗双责、齐抓共管。3 年后，中央关于安全生产改革意见进而提出了要坚持党政同责、一岗双责、齐抓共管、失职追责，完善安全生产责任体系。

党的十八大以前，我国安全生产工作长期实行行政领导责任制，即地方各级政府、部门行政首长负责制及企业行政主要负责人（*法定代表人、总经理、厂长等*）负责制。那时，安全生产工作被定位、定性为行政工作，没有纳入各级党委、企业党组织的重要工作日程，党及其各级组织对安全生产工作的领导相对弱化，因而安全生产工作没有得到应有的重视，安全生产工作缺乏应有的位置和力度。

党的十八大以来，习近平总书记高度重视安全生产工作，并将其纳入党中央的重要工作日程，多次亲自主持召开中央政治局常委会议和中央深改领导小组会议，听取有关安全生产工作的汇报，研究部署相关重大决策，充分体现了以人民为中心的习近平新时代中国特色社会主义思想的核心理念，突破了安全生产工作仅仅是行政工作的固有观念和樊篱，明确指出了安全生产工作是各级党组织的重要领导职责，各级地方党组织主要负责人和企业党组织负责人分别是本地方和本单位安全生产工作第一责任人，必须加强党对安全生产工作的领导。为此，2021年《安全生产法》第三条第一款规定："安全生产工作坚持中国共产党的领导。"其将各级地方党组织主要负责人和企业党组织负责人安全生产的责任法律化、制度化。

实行党政同责，各级地方党委和政府领导必须按照中办国办《地方党政领导干部安全生产责任制规定》，改变过去一些地方"末位管安全"的做法，明确地方各级政府一般应由担任本级党委常委的政府领导干部分管安全生产工作；健全完善领导干部安全生产责任制，明确职责边界，知道职责怎么划分、有哪些约束，责任才能落到实处；要以终身负责的态度，消除履职过程中可能存在的侥幸心理，以适应"终身问责"的新要求。

实行党政同责，企业党政领导必须做到四个"都要"。

① 企业党政主要负责人都要高度重视安全生产工作，书记要亲自挂帅，坚持以人为本，坚持人民至上、生命至上，把保护人民生命安全摆在首位，树牢安全发展理念，正确认识并处理好安全与发展的关系、安全与绩效的关系。

② 企业党政都要将安全生产工作纳入企业党政工作的重要日程，

提升位置，加大领导力度。

③ 企业党政领导班子成员都要制定各自的安全生产工作职责，党政一把手应当率先垂范、履职尽责，实行严格的责任业绩考核。

④ 企业党政领导班子成员未履职尽责、违法违纪的，都要问责、同等问责、各追其责。

1.2 "一岗双责"原则

"一岗"就是一个领导干部的职务所对应的岗位；"双责"就是一个领导干部既要对所在岗位应当承担的具体业务工作负责，又要对所在岗位应当承担的安全生产责任制负责。

① "一岗双责"对各地党委和政府及专业部门领导来说，无论处于什么岗位，都要对自己所管理的范围、区域内的安全生产工作担负领导责任，在做好本职工作的同时要履行安全职责，既要抓好分管的业务工作，又要以同等的注意力抓好分管部门的安全生产工作，把安全风险防控与业务工作同研究、同规划、同布置、同检查、同考核、同问责，使安全生产工作始终保持应有的管理力度。

② "一岗双责" 对于企业来说，企业分管安全生产工作负责人、专职安全管理人员属于一岗专责人员。企业其他从业人员虽然不是专门从事安全生产工作，但是其本职工作与安全生产密切相关，属于一岗双责人员。不论是企业一线还是二线的其他从业人员，在做好本职工作的同时，都要明确其安全生产工作职责、责任。一岗双责的原则是以岗定人定责、有岗必须有责、违法违规必究。

企业内部专业分工不应成为压实安全生产责任的壁垒，安全生产工作关联所有人，所以永远是全员的责任。

1.3 "齐抓共管"原则

齐抓共管是构建安全生产责任体系的手段。

在社会管理层面,各级政府、专业部门、行业协会、生产经营单位、中介服务组织等一同参与到管安全的大环境中来,创造安全管理的合力。

齐抓共管还是重视企业领导班子、内设管理机构、层级关系之间相互协调、顺畅运行的手段。运用这个手段,可以充分调动企业各方面、各类人员的安全意识和积极性,在履行本职安全生产职责、责任的同时,加强沟通协作、协同配合,形成严密的安全管理网。

齐抓共管可以扭转企业安全生产工作仅限于主要负责人、分管负责人和专职安全管理人员等少数人力量不足、作用有限、疲于奔命的现状,克服企业存在的内设机构、相关人员、上下层级之间的职责不清、推诿扯皮、各自为战、互不支持、脱节空白等弊端,发挥企业"全员""全体"管好安全的作用。

1.4 "三管三必须"原则

2021年6月修正的《安全生产法》对于安全生产责任划分更加明确,增加"三管三必须"原则:管行业必须管安全、管业务必须管安全、管生产经营必须管安全!

"三管三必须"中,管行业必须管安全是对行业主管部门说的;管业务必须管安全和管生产经营必须管安全则主要适用于生产经营单位。

企业里除了主要负责人是第一责任人以外,其他的副职都要根据分管的业务对安全生产工作负一定的职责和责任。比如分管人力资源的副总经理,若因安全管理团队配备不到位或缺人导致事故,要承担责任。分管财务的副总经理,如果下属企业里安全投入不到位也要承担责任。

管生产的副总经理必须兼顾安全、抓好安全，否则出了事故以后，也要负责任。

企业应按照"管业务必须管安全"的原则，在部门职责中明确专业部门对所辖业务的安全管理责任，落实专业安全管理的职责、权限、考核内容，推动专业安全管理。

企业可在安全生产委员会框架下，设立生产、工艺、设备、仪表、电气、工程等专业安全分委员会，负责研究解决生产、技术、设备、仪表、电气、工程等专业领域的安全重大议题。分委员会主任由企业相应业务分管领导担任，办公室设在相应专业（职能）部门。

① 专业部门要按照职责分工全过程参与新建、改建、扩建等项目的论证、设计、建设、试运行、验收等各个环节，辨识其中的安全风险，提出风险管控措施。项目负责部门要组织各专业部门参与项目安全论证，对项目工艺路线的安全可行性负责。

② 生产、工艺、技术等专业部门，按照职责分工对开（停）车、生产运行、生产方案调整等生产过程的安全负责，对生产、工艺管理制度的制（修）订和适宜性负责，对操作规程、工艺参数、工艺交出和开（停）车方案的有效性负责，对新技术应用的安全负责，对专业范围内的风险分级管控与隐患排查治理负责，对所辖业务内发生的变更负责，对所辖业务的承包商安全管理负责，按照权限分工对生产运行、工艺技术等事故事件技术进行调查处理。生产调度对突发事件的应急处置负责。

③ 设备、电气、仪表等专业部门，按照职责分工对设备、动力、电气、仪表、建（构）筑物及安全、消防设备设施的安全稳定运行负责，对设备、电气、仪表设施（包含备用、停用设备）的完好性负责，对专业范围内设备设施的更新、改造、维修、验收等过程负责，对设备、电气、仪表检（维）修过程中的作业安全负责，强化设备、电气、仪表设施全生命周期管理。对专业范围内的风险分级管控与隐患排查治理负责，对租赁

和处置资产的安全管理负责，对设备安全管理制度、维护检修规程的制（修）订和适宜性负责，对安全仪表的功能安全有效性负责，对所辖业务内发生的变更负责，对所辖业务的承包商安全管理负责。按照权限分工对设备、电气、仪表等事故事件进行调查处理。

④ 工程建设管理部门按照职责分工对工程建设项目过程中的安全管理工作负责，对工程建设项目过程中风险评价和管控措施的落实负责，对工程建设项目承包商、分包商的资质审查负责，对工程建设项目及其子（分）项目的施工质量和施工安全负责，对工程建设项目承包商、分包商的安全监管负责，对工程建设项目安全管理制度的制（修）订和适宜性负责。按照权限分工对工程建设项目过程中及相关承包商出现的事故事件进行调查处理。

⑤ 安全管理部门要协助企业主要负责人积极推动企业专业安全管理。加强专业部门安全管理基本原理、方法、程序的培训；汇总收集专业部门提报的相关安全文件、资料，统计分析企业专业安全管理方面的不足，建立并实施专业部门的安全考核机制；指导、协调、组织专业部门开展风险管控、隐患排查、变更管理、事故事件调查等工作。按照权限分工对涉及人身伤害的事故开展调查处理。安全管理人员应学习专业安全知识，鼓励专业技术人员进入专职安全管理人员队伍。

❷ 党委政府安全生产责任体系

2.1 党委政府安全生产领导责任

2.1.1 党委政府安全生产领导责任制的确立

长期以来，安全生产工作党政不同责，党政分管、分抓、分责现象较为普遍，党在安全生产工作中的领导地位被严重弱化。与此同时，政府负有监管企业的职责和承担监管失察的责任，出了生产安全事故或安全生产死亡人数超过指标，政府监管人员要被追责。从全国范围来看，党的十八大以前很少看到党委常委分管安全生产，普遍由新上任排名靠后的副省、市、县、乡（镇）长分管安全生产。由于分管领导地位不高，提出的人、财、物等加强安全生产工作的建议难以得到本级党委常委会和政府常务会的足够重视，安全生产容易陷入"看起来重要、干起来次要、忙起来不要"的尴尬境地。

党的十八大以来，以习近平同志为核心的党中央全面加强党的领导。安全责任党政同责是以习近平同志为核心的中央领导集体提出的新要求、新标准，充分体现领导集体实事求是、求真务实、从实际问题出发的工作作风，充分体现中央全面从严治党、严管干部的担当和决心。在2013 年 7 月 18 日召开的中央政治局第二十八次常委会上，习近平总书记强调："落实安全生产责任制，要落实行业主管部门直接监管、安全监管部门综合监管、地方政府属地监管，坚持管行业必须管安全、管业务必须管安全、管生产必须管安全，而且要'党政同责、一岗双责、齐抓共管'。该担责任的时候不负责任，就会影响党和政府的威信。"山东青岛"11·22"事故后，习近平总书记作出重要指示："各级党委和政府、各级领导干部要牢固树立安全发展理念，始终把人民群众生命安全放在第一位。各地区、各部门、各类企业都要坚持安全生产高标准、严要求，招商引资、上项目要严把安全生产关，加大安全生产指标考核权重，实行安全生产和重大安全生产事故风险'一票否决'。责任重于泰山。要抓紧建立健全安全生产责任体系，党政一把手必须亲力亲为、亲自动手抓。要把安全责任落实到岗位、落实到'人头'，坚持管行业必须管安全、管业务必须管安全，加强督促检查、严格考核奖惩，全面推进安全生产工作。"

中央关于安全生产改革意见提出："明确地方党委和政府领导责任。坚持党政同责、一岗双责、齐抓共管、失职追责，完善安全生产责任体系。地方各级党委和政府要始终把安全生产摆在重要位置，加强组织领导。党政主要负责人是本地区安全生产第一责任人，班子其他成员对分管范围内的安全生产工作负领导责任。地方各级安全生产委员会主任由政府主要负责人担任，成员由同级党委和政府及相关部门负责人组成。"同时，中央对地方各级党委和政府的安全生产职责提出了具体要求。2018年1月23日，中央全面深化改革领导小组第二次会议审议通过的《地方党政领导干部安全生产责任制规定》进一步强调，实行地方党政领导干部安全生产责任制，要坚持"党政同责、一岗双责、齐抓共管、失职追责"，牢固树立发展绝不能以牺牲安全为代价的红线意识，明确地方党政领导干部主要安全生产职责，综合运用巡查督查、考核考察、激励惩戒等措施，强化地方各级党政领导干部"促一方发展、保一方平安"的政治责任。

据报道，目前，全国所有省级党委、政府都制定了"党政同责"具体规定，所有省级政府主要负责人都担任安委会主任，所有省份都落实了"一岗双责"，加大了安全生产在经济社会发展中的量化考核权重，每季度由各级安监机构向组织部门报送安全生产情况，并纳入领导干部政绩业绩考核内容，安全生产齐抓共管的新格局已经形成。

2.1.2 党委政府安全生产领导责任制的内涵

（1）党政同责，一岗双责。

党政同责，就是党政部门及干部共同担当、共同负责。"一岗"就是职务所对应的岗位；"双责"就是相关人员不仅要对所在岗位承担的具体工作负责，还要对所在岗位或部门相应的其他事项负责。"一岗双责"指既要抓好本人分管的具体工作，又要以同等的注意力和责任心抓好所处或分管部门的党务或行政工作，做到同研究、同规划、同布置、同检查、同考核、同问责，做到党政工作"两手都要抓、两手都要硬"，使两方面工作齐头并进。

（2）党委安全生产领导责任。

按照中央关于安全生产改革意见，地方各级党委要认真贯彻执行党的安全生产方针，在统揽本地区经济社会发展全局中同步推进安全生产工作，定期研究解决安全生产重大问题。加强安全生产监管机构领导班子、干部队伍建设。严格落实安全生产履职绩效考核和失职责任追究。强化安全生产宣传教育和舆论引导。发挥人大对安全生产工作的监督促进作用和政协对安全生产工作的民主监督作用。推动组织、宣传、政法、机构编制等单位支持保障安全生产工作。动员社会各界积极参与、支持、监督安全生产工作。

《地方党政领导干部安全生产责任制规定》规定，地方各级党委主要负责人安全生产职责主要包括以下几项。

——认真贯彻执行党中央及上级党委关于安全生产的决策部署和指示精神，安全生产方针政策、法律法规；

——把安全生产纳入党委议事日程和向全会报告工作的内容，及时组织研究解决安全生产重大问题；

——把安全生产纳入党委常委会及其成员职责清单，督促落实安全生产"一岗双责"制度；

——加强安全生产监管部门领导班子建设、干部队伍建设和机构建设，支持人大、政协监督安全生产工作，统筹协调各方面重视支持安全生产工作；

——推动将安全生产纳入经济社会发展全局，纳入国民经济和社会发展考核评价体系，作为衡量经济发展、社会治安综合治理、精神文明建设成效的重要指标和领导干部政绩考核的重要内容；

——大力弘扬生命至上、安全第一的思想，强化安全生产宣传教育和舆论引导，将安全生产方针政策和法律法规纳入党委理论学习中心组学习内容和干部培训内容。

同时规定，地方各级党委常委会其他成员按照职责分工，协调纪检监察机关和组织、宣传、政法、机构编制等单位支持保障安全生产工作，动员社会各界力量积极参与、支持、监督安全生产工作，抓好分管行业（领域）、部门（单位）的安全生产工作。

（3）政府安全生产领导责任。

根据中央关于安全生产改革意见，地方各级政府要把安全生产纳入经济社会发展总体规划，制定实施安全生产专项规划，健全安全投入保障制度。及时研究部署安全生产工作，严格落实属地监管责任。充分发挥安全生产委员会作用，实施安全生产责任目标管理。建立安全生产巡查制度，督促各部门和下级政府履职尽责。加强安全生产监管执法能力建设，推进安全科技创新，提升信息化管理水平。严控安全准入标准，指导管控安全风险，督促整治重大隐患，强化源头治理。加强应急管理，完善安全生产应急救援体系。依法依规开展事故调查处理，督促落实问题整改。

《地方党政领导干部安全生产责任制规定》对县级以上地方各级政府领导对于安全分工和责任做出明确要求。

（1）县级以上地方各级政府主要负责人安全生产职责如下。

——认真贯彻落实党中央、国务院及上级党委和政府、本级党委关于安全生产的决策部署和指示精神，安全生产方针政策、法律法规；

——把安全生产纳入政府重点工作和政府工作报告的重要内容，组织制定安全生产规划并纳入国民经济和社会发展规划，及时组织研究解决安全生产突出问题；

——组织制定政府领导干部年度安全生产重点工作责任清单并定期检查考核，在政府有关工作部门"三定"规定中明确安全生产职责；

——组织设立安全生产专项资金并列入本级财政预算，与财政收入保持同步增长，加强安全生产基础建设和监管能力建设，保障监管执法必需的人员、经费和车辆等装备；

——严格安全准入标准，推动构建安全风险分级管控和隐患排查治理预防工作机制，按照分级属地管理原则明确本地区各类生产经营单位的安全生产监管部门，依法领导和组织生产安全事故应急救援、调查处理及信息公开工作；

——领导本地区安全生产委员会工作，统筹协调安全生产工作，推动构建安全生产责任体系，组织开展安全生产巡查、考核等工作，推动加强高素质专业化安全监管执法队伍建设。

（2）县级以上地方各级政府原则上由担任本级党委常委的政府领导干部分管安全生产工作，其安全生产职责如下。

——组织制定贯彻落实党中央、国务院及上级、本级党委和政府关于安全生产决策部署，安全生产方针政策、法律法规的具体措施；

——协助党委主要负责人落实党委对安全生产的领导职责，督促落实本级党委关于安全生产的决策部署；

——协助政府主要负责人统筹推进本地区安全生产工作，负责领导安全生产委员会日常工作，组织实施安全生产监督检查、巡查、考核等工作，协调解决重点、难点问题；

——组织实施安全风险分级管控和隐患排查治理预防工作机制建设，指导安全生产专项整治和联合执法行动，组织查处各类违法违规行为；

——加强安全生产应急救援体系建设，依法组织或参与生产安全事故抢险救援和调查处理，组织开展生产安全事故责任追究和整改措施落实情况评估；

——统筹推进安全生产社会化服务体系建设、信息化建设、诚信体系建设和教育培训、科技支撑等工作。

（3）县级以上地方各级政府其他领导干部安全生产职责如下。

——组织分管行业（领域）、部门（单位）贯彻执行党中央、国务院及上级、本级党委和政府关于安全生产的决策部署，安全生产方针政策、法律法规；

——组织分管行业（领域）、部门（单位）健全和落实安全生产责任制，将安全生产工作与业务工作同时安排部署、同时组织实施、同时监督检查；

——指导分管行业（领域）、部门（单位）把安全生产工作纳入相关发展规划和年度工作计划，从行业规划、科技创新、产业政策、法规标准、行政许可、资产管理等方面加强和支持安全生产工作；统筹推进分管行业（领域）、部门（单位）安全生产工作，每年定期组织分析安全生产形势，及时研究解决安全生产问题，支持有关部门依法履行安全生产工作职责；

组织开展分管行业（领域）、部门（单位）安全生产专项整治、目标管理、应急管理、查处违法违规生产经营行为等工作，推动构建安全风险分级管控和隐患排查治理预防工作机制。

2.2 政府及部门安全生产监管责任

根据《安全生产法》的有关规定，地方各级政府对本行政区域内的安全生产工作负有属地管理责任，安全生产监督管理部门对安全生产工作负有综合监管责任；政府有关部门在各自的职责范围内对有关行业、领域的安全生产工作负有行业管理责任。近年来，中央各有关部委、各省区不断创新，采取多种措施压实压紧安全生产监管职责，消除监管空白，进一步健全完善了政府安全生产监管责任体系。

根据《安全生产法》第九条规定及"三个必须"的要求，当前我国政府安全生产监管责任体系及其主要内容如下。

2.2.1 政府责任

县级以上人民政府应当落实安全生产工作责任制，履行下列职责。

① 将安全生产纳入国民经济和社会发展总体规划，制定专项规划并组织实施；建立健全安全生产协调机制，定期研究部署安全生产工作，及时协调、解决相关重大问题；

② 建立健全安全生产行政责任制，实施安全生产目标落实安全责任，确保工作所需经费；建立安全生产巡查制度，督促本级人民政府有关主管部门和下级人民政府加强安全生产工作；

③ 建立安全风险管控和隐患排查治理双重预防体系，组织有关主管部门对本行政区域内容易发生重大生产安全事故的生产经营单位进行监督检查，督促整治重大事故隐患，依法关闭违法生产经营单位；

④ 加强安全生产监管执法能力和服务体系建设，提升信息化管理水平；建立健全生产安全事故应急救援体系，组织有关主管部门制定事故应急救援预案，并按照预案要求组织应急救援，依法开展事故调查处理；

⑤ 县级以上人民政府安委会应当研究提出年度安全管理目标任务，定期召开全体会议，研究并协调解决安全生产工作中存在的重大问题，安排部署安全生产工作。安全生产监督管理部门承担本级安委会的日常工作，负责指导协调、监督检查、巡查考核本级人民政府有关主管部门和下级人民政府的安全生产工作；

开发区、工业园区等各类园区管理机构负责管理区域内的安全生产工作，按照有关规定履行安全管理职责。

2.2.2　责任追究

（1）各级人民政府及其有关主管部门有下列情形之一的，应当予以警示通报，并对相关责任人实行问责；构成犯罪的，依法追究刑事责任。

——本行政区域或者本行业、本领域发生较大以上生产安全事故或者生产安全事故造成恶劣影响的；

——本行政区域或者本行业、本领域连续发生生产安全事故且影响重大的；本行政区域或者本行业、本领域生产安全事故发生起数和死亡人数超过年度安全生产控制考核指标的；

——不执行生产安全事故隐患挂牌督办指令的；

——违反规定干预安全生产，造成生产安全事故发生的；未能有效组织生产安全事故应急救援，致使人员伤亡或者财产损失加重的；

——拒报、瞒报、谎报、拖延不报生产安全事故的；

——不落实生产安全事故责任追究的；法律、法规等规定的其他情形。

（2）相关责任人有下列行为之一的，给予警告、记过或者记大过处分；情节较重的，给予降级或者撤职处分；情节严重的，给予开除处分；构成犯罪的，依法追究刑事责任。

——不执行安全生产法律、法规、规章、方针政策及上级机关、主管部门有关安全生产的决定、命令、指示的；

——制定或者采取与安全生产法律、法规、规章及方针政策相抵触的规定或者措施，造成不良后果或者经上级机关、有关主管部门指出仍不改正的；

——未按规定督促落实相关生产经营单位依法设置安全管理机构、配备安全管理人员、保证经费投入，造成严重后果的；

——违法委托单位或者个人实施有关安全生产的行政许可或者审批的；批准向合法的生产经营单位或者经营者超量提供剧毒品、火工品等危险物资，造成危害后果的；批准向非法或者不具备安全生产条件的生产经营单位或者经营者，提供剧毒品、火工品等危险物资或者其他生产经营条件的；

——对发生的生产安全事故拒报、瞒报、谎报、拖延不报或者组织、参与拒报、瞒报、谎报、拖延不报的；

——生产安全事故发生后，不及时组织抢救的；拒绝接受调查或者拒绝提供有关情况和资料的；

——阻挠、干涉生产安全事故调查工作的；在生产安全事故调查中作伪证或者指使他人作伪证的。

（3）相关责任人有下列行为之一的，给予降级或者撤职处分；构成犯罪的，依法追究刑事责任。

——对不符合法定安全生产条件的涉及安全生产的事项予以批准或者验收通过的；

——发现未依法取得批准、验收的单位擅自从事有关活动或者接到举报后不予取缔或者不依法予以处理的；

——对已经依法取得批准的单位不履行监督管理职责，发现不再具备安全生产条件而不撤销原批准或者发现安全生产违法行为不予查处的；

——在监督检查中发现重大事故隐患，不依法及时处理的。

对相关责任人的行政责任追究实行跟踪责任追究制度。已调离工作岗位的相关责任人在任职期间有责任追究情形的，应当依法追究行政责任。

❸ 企业安全生产的主体责任

企业是生产经营活动的主体，是安全生产工作责任的直接承担主体。

企业主体责任：是指企业依照法律、法规规定，应当履行责任，如果没有做好自己的工作，而应该承担的不利后果或者强制性义务，如担负责任、承担后果等。

企业承担安全生产主体责任：是指企业在生产经营活动的全过程中，必须按照安全生产相关法律法规履行的义务承担的责任，对本单位安全生产和职业健康工作负全面责任，否则就要接受未尽责任的后果。

本书会有专章论述企业安全生产的主体责任。

④ 业务部门与安监部门的责任

4.1 厘清业务部门与安监部门责任

我们传统的安全管理，所有的安全责任主要由安监部门负责，其他业务部门并未承担相应责任。按照《安全生产法》"三管三必须"原则要求，管行业必须管安全、管业务必须管安全、管生产经营必须管安全，承担安全生产综合监督管理的政府应急管理部门，承担企业内部安全生产综合监督管理的机构，摆脱了过去替其他部门负责，自身并无能力承担的不合理责任。

按照中央关于安全生产改革意见，要明确部门监管责任。按照"三管三必须"和谁主管谁负责的原则，厘清安全生产综合监管与行业监管的关系，明确各有关部门安全生产和职业健康工作职责，并落实到部门工作职责规定中。

4.2 业务部门的责任

《安全生产法》对行业主管部门安全生产责任专门做出规定："国务院交通运输、住房和城乡建设、水利、民航等有关部门依照本法和其他有关法律、行政法规的规定，在各自的职责范围内对有关行业、领域的安全生产工作实施监督管理；县级以上地方各级人民政府有关部门依照本法和其他有关法律、法规的规定，在各自的职责范围内对有关行业、领域的安全生产工作实施监督管理。"对新兴行业、领域的安全生产监督管理职责不明确的，由县级以上地方各级人民政府按照业务相近的原则确定监督管理部门。

① 安全生产监督管理工作不仅仅是应急管理部门的职责，政府其他有关部门在其职责范围内，也承担着安全生产监督管理的责任。法条中"县级以上地方各级人民政府有关部门"，包括发展改革部门、经济和信息化部门、公安机关、交通运输部门、自然资源部门、住房和城乡建设部门、商务部门、市场监督管理部门、教育部门、水利部门、农业农村部门、生态和环境保护部门、文化和旅游部门、卫生健康部门、广播电视部门、林业和草原部门、体育部门、民政部门、司法行政部门等政府部门，还有粮食、供销、邮政管理、民航、企业安全监察等有关单位依照有关法律、法规等规定，对本行业、本领域的安全生产工作履行监管监察职责。财政部门、人力资源和社会保障部门、国有资产监督管理部门、市场监督管理部门、科技部门、规划部门、税务部门、司法部门、海关和金融工作部门等政府有关主管部门、机构依照有关法律、法规等规定在职责范围内履行安全管理职责。

② 新兴行业、领域监管职责不明确时的处理原则按照有关法律法规政策和部门职责规定。随着经济社会的快速发展，出现的一些新兴行业、领域性质比较特殊、情况比较复杂，在安全生产监管上可能涉及多个部门。按照现有的规定，这些新兴的行业、领域可能一时难以归入某个具体的部门进行专门监管。为防止部门之间互相推诿而形成监管盲区，需要由县级以上地方人民政府明确监督管理部门或者确定牵头的监督管理部门。

③ 承担一定安全生产监督管理职责的有关部门，要依法依规履行相关行业领域安全生产和职业健康监管职责，强化监管执法，严厉查处违法违规行为。其他行业领域主管部门负有安全管理责任，要将安全生产工作作为行业领域管理的重要内容，从行业规划、产业政策、法规标准、行政许可等方面加强行业安全生产工作，指导督促企事业单位加强安全

管理。党委和政府其他有关部门要在职责范围内为安全生产工作提供支持保障，共同推进安全发展。

4.3 安监部门的责任

政府安全生产监督管理部门负责安全生产法规标准和政策规划制定修订、执法监督、事故调查处理、应急救援管理、统计分析、宣传教育培训等综合性工作，承担职责范围内安全生产和职业健康监管执法职责。

生产经营单位的安全管理机构以及安全管理人员，按照 2021 年 6 月修正的《安全生产法》履行下列职责。

① 组织或者参与拟订本单位安全生产规章制度、操作规程和生产安全事故应急救援预案；

② 组织或者参与本单位安全生产教育和培训，如实记录安全生产教育和培训情况；

③ 组织开展危险源辨识和评估，督促落实本单位重大危险源的安全管理措施；组织或者参与本单位应急救援演练；

④ 检查本单位的安全生产状况，及时排查生产安全事故隐患，提出改进安全管理的建议；

⑤ 制止和纠正违章指挥、强令冒险作业、违反操作规程的行为，督促落实本单位安全生产整改措施。

《安全生产法》对安监部门职责规定中多次出现"督促落实"，就是督促业务部门和相关单位负责落实，而不是替代相关部门单位落实。

4.4 两类部门共同的责任

《安全生产法》将应急管理部门和对有关行业、领域的安全生产工作实施监督管理的部门，统称负有安全生产监督管理职责的部门。

2021年6月修正时，增加规定了负有安全生产监督管理职责的部门之间的工作机制和要求，即应当相互配合、齐抓共管、信息共享、资源共用，依法加强安全生产监督管理工作。

负有安全生产监督管理职责的部门共同职责包括如下。

① 应当按照县级以上各级人民政府的组织，依法编制安全生产权力和责任清单，公开并接受社会监督。

② 应当将重大事故隐患纳入相关信息系统，建立健全重大事故隐患治理督办制度，督促生产经营单位消除重大事故隐患。

③ 依照有关法律、法规的规定，对涉及安全生产的事项需要审查批准（包括批准、核准、许可、注册、认证、颁发证照等）或者验收的，必须严格依照有关法律、法规和国家标准或者行业标准规定的安全生产条件和程序进行审查；不符合有关法律、法规和国家标准或者行业标准规定的安全生产条件的，不得批准或者验收通过。对未依法取得批准或者验收合格的单位擅自从事有关活动的，负责行政审批的部门发现或者接到举报后应当立即予以取缔，并依法予以处理。对已经依法取得批准的单位，负责行政审批的部门发现其不再具备安全生产条件的，应当撤销原批准。

④ 在监督检查中，应当互相配合，实行联合检查；确需分别进行检查的，应当互通情况，发现存在的安全问题应当由其他有关部门进行处理的，应当及时移送其他有关部门并形成记录备查，接受移送的部门应当及时进行处理。

⑤ 应当建立举报制度，公开举报电话、信箱或者电子邮件地址等网络举报平台，受理有关安全生产的举报；受理的举报事项经调查核实后，应当形成书面材料；需要落实整改措施的，报经有关负责人签字并督促落实。对不属于本部门职责，需要由其他有关部门进行调查处理的，转交其他有关部门处理。

⑤ 构建企业全员安全生产责任体系

　　构建企业全员安全生产责任体系是压实安全责任的前提。企业中经常出现各岗位安全职责不明、权限模糊等现象，造成规章制度不能顺利执行，安全管理运行不畅。如有的单位在外聘作业人员时，不清楚自己在安全方面的责任，不经审批危险作业；有的企业在招收新员工过程中，相关部门责任不清，致使新员工安全培训缺位。

　　全员安全生产责任体系不能等同或仅限于全员安全生产责任制。它是企业安全文化，安全管理的体制、制度及机制，全员安全生产责任制及相关保障措施、管理措施和考核制度等各种安全要素有机结合的统一体，旨在形成完整、科学、严密的安全生产保障体系。

　　健全的安全生产领导体制、管理体系是确保安全生产的组织保障；严密的安全管理制度、操作规程和工作标准是确保安全生产的规范依据；协调的安全生产工作机制是构建企业全员安全生产责任体系的有效途径。

　　构建企业全员安全生产责任体系的前提是建立健全安全生产责任制；责任体系框架的重点是党政同责、一岗双责、齐抓共管、失职追责。

重点：企业安全生产主体责任

① 安全生产的"两个主体"责任

《安全生产法》要求"强化和落实生产经营单位主体责任与政府监管责任"，说明在法律确定的安全责任体系中存在两个主体，即责任主体和监管主体。企业则是安全生产的责任主体。政府是安全生产的监管主体，包括行业主管部门直接监管、安全监管部门综合监管、地方政府属地监管，而且是党政同责、一岗双责、齐抓共管。安全生产工作必须建立、落实企业法定代表及实控人负责制和政府行政首长负责制。两个主体、两个负责制相辅相成，共同构成安全生产工作基本责任制度。

为什么企业是安全生产的责任主体？企业的安全生产状况关系到安全生产大局，安全生产整体水平的提升，出发点和落脚点也都在企业。企业生产经营的目的是创造效益，那么企业在实现其生产利润的同时责无旁贷肩负着安全责任，企业负责人、产业工人在抓好产品生产管理、效益的过程中必须同时强调、实现自身安全操作。生产与安全如影相随，安全这一关键问题其实贯穿生产领域的全过程，两者其实是相伴而行的，而落实这些安全管理制度、落实各项防范措施首当其冲、毫无疑问的是由企业去完成。安全生产工作能否长治久安，关键看安全生产主体责任能否落实到位。

企业安全生产主体责任是国家有关安全生产的法律、法规要求企业在安全生产保障方面应当执行的有关规定、应当履行的工作职责、应当具备的安全生产条件、应当执行的行业标准、应当承担的法律责任。

政府本身没有参与生产经营，从管理层面上说，主要是履行监督管理企业安全生产的职责。

因此说，企业承担的是安全生产的第一责任，是责任主体。政府发挥守夜人的作用，是监管主体。

② 安全生产主体责任的变化

安全生产主体责任的提出和确立，与工业化初期我国生产安全事故多发，以及人们不断深化对安全生产工作规律和特点的认识密切相关。从根本上结束了政府和企业的责任纠缠不清问题，让政府回到监管者的本位，让风险的直接面对者企业承担起本来属于自己的责任。

2.1 行政代替企业管理时期

新中国成立时，公私企业并存，国家百废待兴，对安全生产工作只是限于政策性要求。1950年5月原劳动部发布《全国公私营厂矿职工伤亡事故报告办法》。1951年原政务院财政经济委员会发布了《工业交通及建筑企业职工伤亡事故报告办法》。1952年原劳动部部长提出："安全与生产是统一的，也必须统一；管生产的要管安全，安全与生产同时要搞好。"

1952年下半年至1956年，新中国仅仅用了4年时间，就完成了对农业、手工业和资本主义工商业的社会主义改造，实现了把生产资料私有制转变为社会主义公有制。企业隶属于政府，政府和企业之间并没有明显的界限，行业主管部门在安全生产工作中处于主导地位，发挥着主导作用，企业安全管理更多的是政府行政管理的延伸。1956年5月，国务院全体会议审议并发布《工厂安全卫生规程》《建筑安装工程安全技术规程》《工人职员伤亡事故报告规程》，成为延续多年的"三大规程"。我国逐步建立了由劳动部门负责综合监督管理实施国家监察、行业主管部门具体负责对本部门企业监督管理、工会组织进行群众监督的劳动保护（安全生产）的工作体制，其中，各级经济管理和生产管理部门对所属企业的劳动保护工作进行行政管理，劳动保护或安全管理机构具体负责监督管理行业内部企业的劳动保护、安全生产工作。

到改革开放初期，我国安全管理体制提法是"国家监察、行政管理、群众监督"。当时由于政企不分，企业管理与行政管理为一体，"行政管理"即涵盖了企业管理。不少行业的行政机关直接管理着所属企业的安全管理，如各行业的生产安全事故和工伤事故的统计都由行业直接管理。

很长时期，行政管理是安全生产的主体，也就不存在企业安全生产主体责任的概念。

2.2　政府与企业责任分离

改革开放至世纪之交，我国经济体制逐步从传统的计划经济体制向社会主义市场经济体制转变，非公有制经济在国民经济中的比重不断提升，大量涌现出的三资、个体、私营等非公有制企业没有明确的行业主管部门，安全生产工作出现大量监管空白，原有的安全生产工作机制越来越难以为继，合理界定政府、监管部门与企业在安全生产工作上的职责，调动企业的积极性和主动性就显得尤为迫切。

1998年，为了进一步推动中国特色社会主义市场经济发展，正确处理政府和企业的关系，国务院对政府机构设置及其职能进行了大幅度调整，煤炭、冶金、化工、轻工、地质矿产等几乎所有的工业、专业经济部门被撤销，专业经济部门直接管理企业的体制被终结，原劳动部承担的安全生产监管监察职能被分解并分别交由国家经济贸易委员会、卫生部、国家质量技术监督局承担，国家经济贸易委员会成立安全生产局，负责综合管理全国安全生产工作。

为补齐法律制度的短板，2002 年 6 月，全国人大常委会审议通过《安全生产法》。2002 版《安全生产法》突出企业的安全责任，规定"生产经营单位必须遵守本法和其他有关安全生产的法律、法规，加强安全管理，建立健全安全生产责任制度，完善安全生产条件，确保安全生产"。同时规定"国务院和地方各级人民政府应当加强对安全生产工作的领导，支持、督促各有关部门依法履行安全生产监督管理职责"。从此，企业的安全责任与政府监管责任相分离，并且以法律的形式固定下来。

但是，受当时管理体制以及立法条件等的限制，2002 年制定的《安全生产法》仍带有计划经济的痕迹，片面注重安全生产监督管理，而对安全生产的义务主体——生产经营单位责任强调不够，导致政府监管职责过大、企业违法成本低、自主守法意识薄弱等问题。

2.3　企业主体责任从提出到发展

安全生产进入法制化时代以后，我国安全生产监管体制不断变化和调整，2005 年，国家安全监管局升格为国家安全监管总局，形成了相对稳定的综合监管与行业监管、国家监察与地方监管、政府监督与其他方面监督相结合的工作机制，企业是安全生产的主体，承担安全生产主体责任才逐渐成为共识。2018 年，国务院进行机构改革，新组建了应急管理部，承接了原国家安全监管总局的职责，负责安全生产综合监督管理和工矿商贸行业安全生产监督管理，已形成的安全生产工作机制继续保留。

经过历次事故的洗礼，人们逐步意识到生产经营单位在经济社会活动中扮演着至关重要的角色，是实现安全生产的决定性因素和不容置疑的责任主体。做好安全生产工作，关键是提升生产经营单位的安全生产基础工作和管理水平。

因此，2004年1月《国务院关于进一步加强安全生产工作的决定》明确提出"落实生产经营单位安全生产主体责任"，正式开启了我国安全生产主体责任的时代。此后，国家立法、司法机关和监管部门通过制定法规规章、发布司法解释等形式，对安全生产主体责任制度予以回应。从公开获取的数据来看，2004年以来，中央和地方有关部门相继发布以"安全生产主体责任"为题的规范性文件达200多件，且呈稳步增长的趋势。2010年7月《国务院关于进一步加强企业安全生产工作的通知》、2011年11月《国务院关于坚持科学发展安全发展促进安全生产形势持续稳定好转的意见》，均把企业安全生产主体责任放到重要位置。2014年6月修改《安全生产法》，正式以法律的形式将生产经营单位的主体责任确立下来，在第三条明确规定"安全生产工作应当以人为本，坚持安全发展，坚持安全第一、预防为主、综合治理的方针，强化和落实生产经营单位的主体责任，建立生产经营单位负责、职工参与、政府监管、行业自律和社会监督的机制"。2016年12月《中共中央国务院关于推进安全生产领域改革发展的意见》，大篇幅论述安全生产主体责任[1]。

2021年6月修改《安全生产法》新增建立多项重要的法律制度要求，进一步压实了生产经营单位的安全生产主体责任。

① 新增全员安全责任制的规定，调动生产经营单位全体员工的积极性和创造性，形成人人关心安全生产、人人提升安全素质、人人做好安全生产的局面，从而整体提升安全生产水平。

② 要求企业建立安全风险分级管控和隐患排查治理双重预防机制。建立安全风险分级管控机制，要求生产经营单位定期组织开展风险辨识评估，严格落实分级管控措施，防止风险演变引发事故。补充增加

---

① 代海军：《安全生产法新视野》，北京，应急管理出版社，2020：81-83。

重大事故隐患排查治理情况及时向有关部门报告的规定，使生产经营单位在监管部门和本单位职工的双重监督下，确保隐患排查治理到位。

③ 在高危行业领域，强制实施安全生产责任保险制度。修改前的安全生产法规定，国家鼓励生产经营单位投保安全生产责任保险。修改后，高危行业领域生产经营单位从鼓励投保变成了必须投保。保险机构必须为投保单位提供事故预防服务，帮助企业查找风险隐患，提高安全管理水平。

③ 企业安全生产主体责任的内涵

企业是生产经营活动的主体，是安全生产工作责任的直接承担主体。企业安全生产主体责任，是指企业依照法律、法规规定，应当履行的安全生产法定职责和义务。

3.1 八大安全责任

3.1.1 物质保障责任

具备安全生产条件；依法履行建设项目安全设施"三同时"的规定；依法为从业人员提供劳动防护用品，并监督、教育其正确佩戴和使用。

3.1.2 资金投入责任

按规定提取和使用安全生产费用，确保资金投入满足安全生产条件需要；按规定存储安全生产风险抵押金；依法为从业人员缴纳工伤保险费；保证安全生产教育培训的资金。

3.1.3 机构设置和人员配备责任

依法设置安全管理机构，配备安全管理人员；按规定委托和聘用注册安全工程师或者注册安全助理工程师为其提供安全管理服务。

3.1.4 规章制度制定责任

建立健全全员安全生产责任制和各项规章制度、操作规程。

3.1.5 教育培训责任

依法组织从业人员参加安全生产教育培训，取得相关上岗资格证书。

3.1.6 安全管理责任

依法加强安全管理；定期组织开展安全检查；依法取得安全生产许可；依法对重大危险源实施监控；及时消除事故隐患；开展安全生产宣传教育；统一协调管理承包、承租单位的安全生产工作。

3.1.7 事故报告和应急救援的责任

按规定报告生产安全事故；及时开展事故抢险救援；妥善处理事故善后工作。

3.1.8 其他法定责任

法律、法规、规章规定的其他安全生产责任。

3.2 五落实五到位

2015年3月，原国家安全生产监督管理总局印发《企业安全生产责任体系五落实五到位规定》（以下简称《五落实五到位规定》），要求各企业将《五落实五到位规定》张贴在醒目位置，并严格按照要求抓紧完善安全生产领导责任制，调整安全管理机构人员，建立相关工作制度。

3.2.1 五落实五到位规定

① 必须落实"党政同责"要求，董事长、党组织书记、总经理对本企业安全生产工作共同承担领导责任。

② 必须落实安全生产"一岗双责"，所有领导班子成员对分管范

围内安全生产工作承担相应职责。

③ 必须落实安全生产组织领导机构，成立安全生产委员会，由董事长或总经理担任主任。

④ 必须落实安全管理力量，依法设置安全管理机构，配齐配强注册安全工程师等专业安全管理人员。

⑤ 必须落实安全生产报告制度，定期向董事会、业绩考核部门报告安全生产情况，并向社会公示。

必须做到安全责任到位、安全投入到位、安全培训到位、安全管理到位、应急救援到位。

3.2.2　五落实的解释

为深刻领会、准确理解《五落实五到位规定》的主要内容和精神实质，规定制定部门逐条进行了解释说明。

（1）必须落实"党政同责"要求，董事长、党组织书记、总经理对本企业安全生产工作共同承担领导责任。

企业的安全生产工作能不能做好，关键在于主要负责人。实践也表明，凡是企业主要负责人高度重视的、亲自动手抓的，安全生产工作就能够得到切实有效的加强和改进，反之就不可能搞好。因此，必须明确企业主要负责人的安全生产责任，促使其高度重视安全生产工作，保证企业安全生产工作有人统一部署、指挥、推动、督促。《安全生产法》第五条明确规定："生产经营单位的主要负责人是本单位安全生产第一责任人，对本单位的安全生产工作全面负责。其他负责人对职责范围内的安全生产工作负责。"第二十一条规定的企业主要负责人对安全生产工作负有的职责包括：建立健全并落实本单位全员安全生产责任制，加强安全生产标准化建设；组织制定并实施本单位安全生产规章制度和操作规程；组织制定并实施本单位安全生产教育和培训计划；保证本单位安全生产投入的有效实施；组织建立并落实安全风险分级管控和隐患排查治理双重预防工作机制，督促、检查本单位的安全生产工作，及时消除生产安全事故隐患；组织制定并实施本单位的生产安全事故应急救援预案；及时、如实报告生产安全事故。

企业中的基层党组织是党在企业中的战斗堡垒，承担着引导和监督企业遵守国家法律法规、参与企业重大问题决策、团结凝聚职工群众、维护各方合法权益、促进企业健康发展的重要职责。习近平总书记强调要落实安全生产"党政同责"；党委要管大事，发展是大事，安全生产也是大事；党政"一把手"必须亲力亲为、亲自动手抓。因此，各类企业必须要落实"党政同责"的要求，党组织书记要和董事长、总经理共同对本企业的安全生产工作承担领导责任，也要抓安全、管安全，发生事故要依法依规一并追责。

（2）必须落实安全生产"一岗双责"，所有领导班子成员对分管范围内安全生产工作承担相应职责。

安全生产工作是企业管理工作的重要内容，涉及企业生产经营活动的各个方面、各个环节、各个岗位。安全生产人人有责、各负其责，这是做好企业安全生产工作的重要基础。抓好安全生产工作，企业必须要按照"一岗双责""管业务必须管安全、管生产经营必须管安全"的原则，建立健全覆盖所有管理和操作岗位的安全生产责任制，明确企业所有人员在安全生产方面所应承担的职责，并建立配套的考核机制，确保责任制落实到位。《安全生产法》第二十二条规定："生产经营单位的全员安全生产责任制应当明确各岗位的责任人员、责任范围和考核标准等内容。"

企业领导班子成员中，主要负责人要对安全生产负总责，其他班子成员也必须落实安全生产"一岗双责"，既要对具体分管业务工作负责，也要对分管领域内的安全生产工作负责，始终做到把安全生产与其他业务工作同研究、同部署、同督促、同检查、同考核、同问责，真正做到"两手抓、两手硬"。这也是习近平总书记重要讲话所要求的，是增强各级领导干部责任意识的需要。所有领导干部，不管在什么岗位、分管什么工作，都必须在做好本职工作的同时，担负起相应的安全生产工作责任。

（3）必须落实安全生产组织领导机构，成立安全生产委员会，由董事长或总经理担任主任。

企业安全生产工作涉及各个部门，协调任务重，难以由一个部门单独承担。因此，企业要成立安全生产委员会来加强对安全生产工作的统一领导和组织协调。企业安全生产委员会一般由企业主要负责人、分管负责人和各职能部门负责人组成，主要职责是定期分析企业安全生产形势，统筹、指导、督促企业安全生产工作，研究、协调、解决安全生产重大问题。安全生产委员会主任必须要由企业主要负责人（**董事长或总经理**）来担任，这有助于提高安全生产工作的执行力，有助于促进安全生产与企业其他各项工作的同步协调进行，有助于提高安全生产工作的决策效率。另外，主要负责人担任安全生产委员会主任，也体现了对安全生产工作的重视，体现了对企业职工的感情，体现了勇于担当、敢于负责的精神。

（4）必须落实安全管理力量，依法设置安全管理机构，配齐配强注册安全工程师等专业安全管理人员。

落实企业安全生产主体责任，需要企业内部组织架构和人员配备上对安全生产工作予以保障。安全管理机构和安全管理人员是企业开展安全管理工作的具体执行者，在企业安全生产中发挥着不可或缺的作用。分析近年来发生的事故，企业没有设置相应的安全管理机构或者配备必要的安全管理人员是重要原因之一。因此，对一些危险性较大行业的企业或者从业人员较多的企业，必须设置专门从事安全管理的机构或配置专职安全管理人员，确保企业日常安全生产工作时时有人抓、事事有人管。

《安全生产法》第二十四条规定："矿山、金属冶炼、建筑施工、运输单位和危险物品的生产、经营、储存、装卸单位，应当设置安全管理机构或者配备专职安全管理人员。其他生产经营单位，从业人员超过一百人的，应当设置安全管理机构或者配备专职安全管理人员；从业人员在一百人以下的，应当配备专职或者兼职的安全管理人员。"

《安全生产法》第二十七条规定："危险物品的生产、储存、装卸单位以及矿山、金属冶炼单位应当有注册安全工程师从事安全管理工作。鼓励其他生产经营单位聘用注册安全工程师从事安全管理工作。"

（5）必须落实安全生产报告制度，定期向董事会、业绩考核部门报告安全生产情况，并向社会公示。

安全生产报告制度是监督考核机制的重要内容。安全管理机构或专职安全管理人员要定期对企业安全生产情况进行监督考核，定期向董事会、业绩考核部门报告考核结果，并与业绩考核和奖惩、晋升制度挂钩。报告主要包括企业安全生产总体状况、安全生产责任制落实情况、隐患排查治理情况等内容。

企业安全生产责任制建立后，还必须建立相应的监督考核机制，强化安全生产目标管理，细化绩效考核标准，并严格履职考核和责任追究，来确保责任制的有效落实。《安全生产法》第二十二条规定："生产经营单位应当建立相应的机制，加强对全员安全生产责任制落实情况的监督考核，保证全员安全生产责任制的落实。"

3.2.3 五到位的解释

必须做到安全责任到位、安全投入到位、安全培训到位、安全管理到位、应急救援到位。

企业要保障生产经营建设活动安全进行，必须在安全生产责任制度和管理制度、生产经营设施设备、人员素质、采用的工艺技术等方面达到相应的要求，具备必要的安全生产条件。从实际情况看，许多事故发生的重要原因就是企业不具备基本的安全生产条件，为追求经济利益，冒险蛮干、违规违章，甚至非法违法生产经营建设。《安全生产法》第二十条规定："生产经营单位应当具备本法和有关法律、行政法规和国家标准或者行业标准规定的安全生产条件；不具备安全生产条件的，不得从事生产经营活动。"第四条规定："生产经营单位必须遵守本法和其他有关安全生产的法律、法规，加强安全管理，建立健全全员安全生产责任制和安全生产规章制度，加大对安全生产资金、物资、技术、人员的投入保障力度，改善安全生产条件，加强安全生产标准化、信息化建设，构建安全风险分级管控和隐患排查治理双重预防机制，健全风险防范化解机制，提高安全生产水平，确保安全生产。"

"五个到位"的要求在相关法律法规、规章标准中都有具体规定，是企业保障安全生产的前提和基础，是企业安全生产基层、基础、基本功"三基"建设的本质要求，必须认真落实到位。

3.3 法定主体责任

企业承担安全生产主体责任是指在生产经营活动全过程中必须在以下方面履行义务，承担责任，接受未尽责的追究。按照《安全生产法》的规定，企业安全生产主体责任体现在以下三个方面的 18 项内容。

3.3.1 资源投入方面

① 依法设立安全管理机构。

② 确保资金投入满足安全生产条件需要。

③ 为从业人员提供符合国家标准或行业标准的劳动防护用品，并监督教育从业人员按照规定佩戴使用。

④ 积极采取先进的安全生产技术、设备和工艺，提高安全生产科技保障水平；确保所使用的工艺装备及相关劳动工具符合安全生产要求。

⑤ 保证新建、改建、扩建工程项目依法实施安全设施"三同时"。

3.3.2 日常管理方面

① 建立健全安全生产责任制和各项管理制度。

② 依法组织从业人员参加安全生产教育和培训。

③ 如实告知从业人员作业场所和工作岗位存在的危险、危害因素、防范措施和事故应急措施，教育职工自觉承担安全生产义务。

④ 对重大危险源实施有效的检测、监控。

⑤ 预防和减少作业场所职业危害。

⑥ 安全设施、设备（包括特种设备）符合安全管理的有关要求，按规定定期检测检验。

⑦ 及时发现、治理和消除本单位安全事故隐患。

⑧ 统一协调管理承包、承租单位安全生产工作。

3.3.3 合法合规方面

① 持续具备法律、法规、规章、国家标准和行业标准规定的安全生产条件。

② 依法参加工伤社会保险，为从业人员缴纳保险费。

③ 依法制定生产安全事故应急救援预案，落实操作岗位应急措施。

④ 按要求上报生产安全事故，做好事故抢险救援，妥善处理对事故伤亡人员依法赔偿等事故善后工作。

⑤ 法律、法规规定的其他安全生产责任。

④ 强化企业安全生产主体责任的措施

企业安全生产主体责任是国家有关安全生产的法律、法规要求企业在安全生产保障方面应当执行的有关规定、应当履行的工作职责、应当具备的安全生产条件、应当执行的行业标准、应当承担的法律责任。企业必须认识到，企业是社会经济活动中的建设者和受益者，在生产活动中负有不可推卸的社会责任，是安全生产中不容置疑的责任主体。企业必须提高所有人员的责任意识，进一步落实企业安全生产责任体系，健全完善企业安全管理制度，建立安全风险防控机制和隐患排查治理机制，全面落实企业安全生产主体责任。

4.1 提升企业安全生产主体责任意识

4.1.1 企业各级领导主体责任意识

企业各级领导应树立主体责任意识，不断提升自身的法制观念。企业各级领导作为企业的经营管理者，其自身的安全责任意识直接关系到安全生产工作的效果。因此，企业各级领导应强化自身安全意识与法制观念，实现思想上的转变与实际行动的执行。通过加大安全经费投入，认真落实安全管理的制度规范及措施，更好地开展安全生产工作。在坚持安全生产的基础上，企业才能获得更高的经济与社会效益。通过主动承担安全生产主体责任，实现企业的健康发展。

4.1.2 安全管理人员主体责任意识

安全管理人员应提升自我主体责任意识，不断增强工作能力与责任心。在日常工作中，安全管理人员应坚持不断学习，明确安全生产的重要性。肩负起责任和义务，不断强化自身的业务水平，为安全管理工作的顺利开展提供保障。积极履行安全管理职责，并协助企业负责人完成各项安全生产规章制度与操作流程的制定。

4.1.3 全体从业人员的主体责任意识

提升全体从业人员的主体责任意识，强化发现、解决安全隐患的能力。生产岗位从业人员作为企业生产环节的执行者，在实际生产过程中如果能够及时将安全隐患排除，将会避免安全事故的发生。因此，企业应开展针对新老员工的安全教育活动，提升其安全意识，并在生产工作中严格遵守安全准则；加强对新入职员工的岗前安全教育，从而全面了解工作中存在的安全隐患及应对措施，真正意识到遵守安全规章制度开展安全生产工作的重要性[①]。

4.2 企业内部建设五大责任体系

4.2.1 安全生产领导责任体系

企业内部各个层级领导班子，一级向一级负责，逐级按照党政同责、一岗双责、齐抓共管和"三管三必须"原则，履行安全生产领导责任。

4.2.2 安全生产专业管理责任体系

以专业管理部门为主，直接从事与安全生产有关的生产、基建、技

---

① 班文健：《浅析如何有效落实企业安全生产主体责任》，载《山东工业技术》，2018，（9）：222。

术、运行、维护、检修等部门、机构及所有岗位和人员，履行对企业安全生产的专业管理责任。

4.2.3　安全生产监督责任体系

以安全监督部门为主，直接从事安全监督工作的部门、机构及所有岗位和人员，履行对企业安全生产的监督责任。

4.2.4　安全生产支持责任体系

党群、办公室、财务、人资、纪检、监察、工会、计划、审计、法律、科技、信息、物资、采购等部门、机构及所有辅助岗位和人员，履行对企业安全生产的支持责任。

4.2.5　全员安全生产责任体系

以岗位为基础，依法建立覆盖所有岗位、所有人员的全员安全生产责任制。

4.3　落实企业主体责任的关键点

企业是安全生产的责任主体，必须抓好关键点，切实履行安全管理的职责。

（1）落实企业主要责任人抓安全的责任。

企业的主要负责人是本企业安全生产的第一责任人，抓生产经营是第一责任人，抓安全生产也是第一责任人。既要对企业的生产经营负责，又要对企业的安全生产负责。分管安全工作的其他领导也要分工明确，各负其责，共同承担起安全管理的责任。

（2）同步推进安全生产和生产经营。

关键是要坚持做到"四个同时"，即安排生产经营等工作时，同时安排安全管理人员在安全工作上应负的责任；在下达经济指标时，同时向安全管理人员提出安全责任要求；在考虑经营的执行情况时，同时要考虑安全责任制和追究制的执行情况；在干部提拔重用时，既要考核政绩，也要考核安全生产的贡献，对安全生产搞不好的，一律不用。从而进一步增强安全管理人员抓好安全工作的责任感、压力感和紧迫感。

（3）责任追究，不留死角。

制定各类人员安全生产责任制和责任追究制，层层签订安全生产责任书，真正做到一级抓一级，逐级落实责任的安全生产责任追究格局。要坚持做到"抓住不落实的事，追究不落实的人"，层层落实责任，建章立制，把安全生产责任分解逐级延伸落实，把安全生产的责任落实到每个环节、每个岗位、每个人。

4.4 靠机制建设推动主体责任落实

企业要进一步强化企业安全生产主体责任，建立安全管理长效机制，推进企业安全管理制度化和规范化，落实安全投入，加强技术创新，教育引导各级管理人员和员工群众树立正确的安全责任意识，自觉遵守、执行企业制定的各项安全管理规章制度强化的责任意识。

4.4.1 落实企业安全生产责任体系

企业领导班子成员和其他高级管理人员实行安全生产"一岗双责"，负责组织、研究、部署和督促检查本单位安全生产工作。依法依规设立安全管理机构，配备安全管理人员。

明确安全生产职责。企业要建立企业全员安全生产责任制公示制度、全员安全生产责任制教育培训制度、全员安全生产责任制考核制度。责任人要明确到每个岗位和员工，人员有变化的要立即更新，责任范围要涵盖每个风险点。

强化企业安全规章刚性约束。主要负责人每年向职工大会或职工代表大会报告安全生产工作和个人履行安全管理职责的情况。鼓励企业内部建立一线岗位操作人员违规违章档案，对屡次违规违章的要加大处罚力度，进行离岗培训，持续提升一线岗位操作人员遵章守纪的主动性、积极性。

加强安全生产教育培训。对新入岗、离岗 6 个月以上、换岗人员或者采用新工艺、新技术、新材料及使用新设备的从业人员开展专门的安全生产教育和培训。完善教育培训档案，如实记录教育培训的时间、地点、内容、参加人员以及考核结果。

严格企业内部监督考核。鼓励企业建立内部安全生产监督考核机制，逐级压实安全生产责任制考核，考核结果作为从业人员岗位调整、收入分配、评先评优等重要依据。

加强外包业务安全管理。企业对承包单位、承租单位的安全生产工作统一协调、管理，定期进行安全检查，发现安全问题的，应当及时督促整改。企业要加强外包项目和外来作业人员的安全管理，按照外包作业管理相关规定，将其纳入企业安全管理范围。委托其他具有专业资质的单位进行危险作业的，应在作业前与受托方签订安全管理协议，告知其作业现场存在的危险因素和防范措施，明确各自的安全生产职责。企业将生产经营项目、场所、设备发包或出租的，应与承包、承租单位签订专门的安全管理协议，或在承包合同、租赁合同中约定有关的安全管理事项。

4.4.2 建立风险防控与隐患治理机制

加强重大危险源的管理。企业应当完善本单位重大危险源监控，建立相应的安全措施、应急措施，并向负有安全生产监督管理职责的部门报告实施情况；对新产生的重大危险源，应当依法实施相关管理措施并及时向安监部门报告。

持续排查治理隐患。企业要开展对场所和设施设备的安全检查，及时消除环境和设备的不安全因素，重点消除使用违法建筑物从事生产经营活动，擅自变更规划许可确定的场所使用功能，占用、堵塞、封闭疏散通道、安全出口或者埋压、圈占、遮挡消火栓，违反规定存放危险物品，厂房、场所"三合一"，有关设施设备未经检验检测合格，使用明令淘汰的危及生产安全的设备及工艺等违法情形。

提升科技化水平。企业应依托科技，强化安全科技创新，提升企业本质安全水平，大力发展应用安全可靠的先进设备设施，淘汰各类落后工艺设备，着力推进涉危涉爆劳动密集场所机械化、自动化。

开展全员风险管理。组织员工以容易出现隐患、容易发生事故的设备、部位、场所作为重点对象，全面查找本单位、本岗位的基础设施、技术装备、作业环境、工艺系统、防控监控设施、安全标识、生产作业场所职业病危害因素和劳动防护用品等方面存在的事故隐患和问题。

推进安全文化建设。将安全责任落实到企业全员的具体工作中，通过培育员工共同认可的安全价值观和安全行为规范，促使员工自觉遵守安全操作规程，在企业内部营造全员参与、自我约束、自主管理和团队管理的安全文化氛围。

4.4.3 进一步加强应急处置能力建设

要结合风险评估情况，组织编制生产安全事故应急预案，明确应急职责、应急程序和现场处置方案。要配备必要的器材、设备和物资，并进行经常性维护、保养，保证正常运转。高危行业企业要依法建立应急救援组织，规模较小的单位要配备专兼职应急救援人员，定期组织事故应急预案演练。

❺ 从企业责任主体到岗位责任合体

按照《安全生产法》及有关法律法规要求，企业是安全生产责任主体。《中共中央国务院关于推进安全生产领域改革发展的意见》第六条提出，企业对本单位安全生产和职业健康工作负全面责任。

同时，《安全生产法》在 2021 年 6 月修改时，在安全生产责任制的前面加上了"全员"两个字。

从立法的角度看，企业作为安全生产的责任主体，要从理论上的承担者，变成实际上的履职者，企业必须发挥岗位员工的作用，实现从责任主体到责任合体的进步。

岗位作为承担安全责任的最小单位，需要系统地决定各个岗位的责任边界。安全责任的大小、范围，以岗位来确定。无论什么人，也无论他的身份、学识、资历，只要他在某一个岗位，他就应该承担这个岗位分内的安全责任。

任何安全生产事件，都可以追究背后一系列的责任者。

直接责任者，是指其行为与事故的发生有直接关系的人员，或者说，是指在其职责范围内，不履行或者不正确履行自己的职责，对造成的损失或者后果起决定性作用的人员。

主要责任者，是指对事故的发生起主要作用的人员。

直接领导责任者，是指在法定职责范围内，对其直接主管的工作不负责任，不履行或不正确履行自己的职责，对造成的损失负主要领导责任的人员。

重要领导责任者，是指在法定职责范围内，对自己应管的工作或应由其参与决定的工作，不履行或不正确履行自己的职责，对造成的损失负次要领导责任的人员。

一般领导责任者，是指对下属单位存在的重大问题失察或发现后纠正不力，以致发生重大事故，对造成的损失负一定领导责任的人员。

企业是一张纵横交错的安全责任网，安全责任不能挂空挡，每一项工作的安全责任，都要有对应的岗位、对应的职务，要让岗位上履行职务的人承担直接责任。不要让岗位在安全责任面前出现空缺，即使是后勤辅助岗位也一样。企业的采购、设计、信息等岗位，在安全中起到很关键的作用。俄罗斯近年来空难事故频发，就源于航空公司维护保养环节出现了问题。必须建立以安全责任为导向的考核机制、激励机制、监督制约机制，调动各种手段，具体落实安全责任，夯实安全管理的基础。每个岗位都要分担具体明确的安全责任，不让安全责任出现缺失，安全共担才能实现[1]。

---

① 祁有红，祁有金：《第一管理——企业安全生产的无上法则》，北京，北京出版社，2007.03。

9

第9章 CHAPTER

重点：全员安全生产责任制

❶ 什么是全员安全生产责任制

1.1 全员安全生产责任制的前世今生

我在《生命第一：员工安全意识手册》那本书里，用了一个章节标题"规章制度血写成，不要用血来验证"。所有的安全制度都是用血换来的，安全生产的责任制最初也是被事故逼迫出来的。形成责任制再到全员安全生产责任制，期间有走过来漫长而曲折的道路。

1953 年，我们国家开始实行第一个五年计划，我们开始进行大规模的经济建设，由于当时管理水平和技术水平的落后，安全生产的问题非常突出，仅仅前 5 个月，国家重工业部所属企业就发生了重大伤亡事故80 起，重工业部意识到突击生产违反操作规程，厂矿安全技术组织机构不健全等是造成事故多发的主要原因。

1953 年 5 月，重工业部发出了《关于在生产厂矿中建立责任制的指示》，指示首当其冲地指出目前企业管理方面最主要的短板是许多管理制度上存在着严重的无人负责现象，并要求各个生产厂矿领导有计划地建立和健全行政上的专责制、技术责任制、生产调度责任制、设备维护与检修责任制、安全技术责任制等在内的7大责任制度，这里面更是强调"有关的安全工作除厂长、车间主任应负责任外，并规定直接的负责人员"，这也就意味着厂矿长、车间主任、工长、班长、班组成员等都要对安全负责。

全员安全生产责任制的前身是安全生产责任制。安全生产责任制最早见于1963年3月30日国务院颁布的《关于加强企业生产中安全工作的几项规定》（以下简称《几项规定》）。《几项规定》的第一项规定，就是建立安全生产责任制，要求企业的各级领导、职能部门、有关工程技术人员和生产工人，各自在生产过程中应负的安全责任，必须加以明确。

1978年，中共中央下发的《关于认真做好劳动保护工作的通知》规定："一个企业发生伤亡事故，首先要追查厂长的责任，不能姑息迁就。"1979年"渤海2号"钻井船翻沉事故后，解除了石油部部长的职务，并对分管石油工业的副总理记大过处分。

此后，全社会进入了工业化快速追赶和发展的阶段，许多企业为追求经济效益而忽视安全生产，安全生产责任制并未得到落实，重特大事故接连发生。1997年10月，国务院办公厅转发原劳动部《关于认真落实安全生产责任制的意见》。2002年6月《安全生产法》颁布，将建立和健全安全生产责任制作为生产经营单位和主要负责人必须实行的一项基本制度，并将国家实行生产安全事故责任追究制度写进法律条款。2004年1月国务院作出《关于进一步加强安全生产工作的决定》，把安全生产责任制放在安全管理中的中心地位。

进入21世纪后，安全生产责任制在我国安全管理制度化建设上发挥了很大作用。全国事故总量持续下降，安全生产状况持续稳定好转，我国安全生产状况虽有改善，但事故总量基数仍然很大，重特大事故时有发生，严重危及人民生命财产安全和经济社会发展。实践中，企业建立安全生产责任制也暴露出一些问题：企业及其主要负责人对建立健全全员安全生产责任制的重要性认识不足，多数企业只明确了企业负责人、管理人员和部分岗位人员的安全责任，没有覆盖所有从业人员，责任人员有死角、有遗漏、有空白。责任范围不明确，有空白、有交叉，主要负责人、其他负责人、分管负责人和专职、兼职安全管理人员的各自责任及其相互衔接不明确、不落实。有的企业考核标准难操作、安全责任不落实，主要负责人和分管负责人战战兢兢，而其他有关负责人对安全管理漠不关心；安全管理部门疲于奔命，而其他部门若无其事；有的一线员工只关心干活挣钱，不关心安全生产，思想麻痹、"三违"频发，引发事故。

为消除企业安全生产的责任管理缺陷，2016 年 12 月，中央关于安全生产改革意见明确提出：要严格落实企业主体责任。企业实行全员安全生产责任制度，法定代表人和实际控制人同为第一责任人，主要技术负责人负有安全生产技术决策和指挥权，强化部门安全生产职责，落实"一岗双责"。

2021 年 6 月修改的《安全生产法》首次做出了"建立健全全员安全生产责任制"的规定，正式把建立全员安全生产责任制作为生产经营单位的法定义务。

1.2　全员安全生产责任制的内涵

企业全员安全生产责任制是贯彻"安全第一、预防为主、综合治理"的方针，按照安全生产法律法规和相关标准要求，根据企业岗位的性质、特点和具体工作内容，明确包括各级领导、所有层级、各类岗位全体从业人员的安全生产责任，通过加强教育培训、强化管理考核和严格奖惩等方式，建立起安全生产工作"层层负责、人人有责、各负其责"的制度。

① 在全员安全生产责任制中，主要负责人应对本单位的安全生产工作全面负责，其他各级管理人员、职能部门人员、技术人员和各岗位操作人员，应当根据各自的工作任务、岗位特点，确定其在安全生产方面应做的工作和应负的责任，并与奖惩制度挂钩。

② 安全生产责任制属于安全生产规章制度的范畴。通常把"安全生产责任制"与"安全生产规章制度"并列来提，主要是为了突出安全生产责任制的重要性。

③ 全员安全生产责任制是生产经营单位岗位责任制的细化，是生产经营单位中最基本的一项安全制度，也是生产经营单位安全生产、劳动保护管理制度的核心。全员安全生产责任制综合各种安全管理、安全操作制度，对生产经营单位及其各级领导、各职能部门人员、有关工程技术人员和生产工人在生产中应负的安全责任予以明确，主要包括各岗位的责任人员、责任范围和考核标准等内容。

1.3 建立健全全员安全生产责任制的意义

全面加强企业全员安全生产责任制工作是推动企业压实安全生产主体责任的重要抓手，有利于减少企业"三违"现象（违章指挥、违章作业、违反劳动纪律）的发生，有利于降低因人的不安全行为造成的生产安全事故，对解决企业安全生产责任传导不力问题，维护广大从业人员的生命安全和职业健康具有重要意义。

压实企业主体责任，需要夯实从主要负责人到基层一线员工的安全责任，建立健全全员安全责任制。只有明确责任体系划分，真正建立安全生产工作"层层负责、人人有责、各负其责"的工作体系并实现有效运转，才能真正解决好安全生产的"责任棚架"问题，才能从源头上减少一线从业人员"三违"现象，从而有效降低因人的不安全行为方面造成的生产安全事故的发生，维护好广大从业人员的生命安全和职业健康。

通过建立健全安全生产责任制，增强生产经营单位各级负责人、各管理部门管理人员及各岗位人员对安全生产的责任感；明确责任，充分调动各级人员和各级管理部门安全生产的积极性和主观能动性；遵守安全生产法律法规和政策、方针的要求，加强自主管理，确保责任制切实落实到位。

② 企业全员安全责任的法律解读

2.1 全员安全生产责任制的法律性质

既然全员安全生产责任制是一种重要的安全生产制度，那么这种制度具有何种性质，必须从本质上去认知。

全员安全生产责任制是企业各项安全管理制度中最基本、最重要、最核心的制度，也是建立健全安全生产责任体系的前提和基础。它要确立企业全体人员的本职岗位所应负的安全生产责任，确保安全生产责任横向到边、纵向到底、责任到位，不漏一人、不留死角。

这项制度是否建立健全，直接关系到其他相关制度的建立完善。鉴于这种制度又具有企业自发、自建、自律的特点，由于不同企业对全员安全生产责任制重要性的认知差异，继而其制度建立健全的状况也不尽相同，因而直接影响到企业的安全管理水平。据统计，近年我国发生重特大事故的主要原因之一，几乎都是不同程度地存在着全员安全生产责任制未建立或不健全的问题。

因此，完全依靠企业自身去建立健全全员安全生产责任制显然是不够且缺乏力度的，必须依法确立这项制度，以设定法律义务的方式要求所有市场主体（企业）必须建立健全全员安全生产责任制。《安全生产法》自始至终都把建立健全企业安全生产责任制作为一项极其重要的法律制度，运用强制性的法律手段推动、推进这项制度的落实，强化企业安全管理工作的力度。2021 年版《安全生产法》第四条首次明确规定"生产经营单位必须建立健全全员安全生产责任制"。这就意味着全员安全生产责任制不仅具有企业安全管理性质，同时还具有法律性质，从而具备了法律范畴的义务性、强制性、不可选择性和惩罚性，即企业是否依法建立健全全员安全生产责任制事关企业是否遵守了法律制度，是否履行了法定义务，企业切不可等闲视之。

2.2 全员安全生产责任制的法定内容

安全生产责任制的核心：是清晰安全管理的责任界面，解决"谁来管，管什么，怎么管，承担什么责任"的问题，安全生产责任制是生产经营单位安全生产制度建立的基础。其他的安全生产规章制度，重点解决"干什么，怎么干"的问题。

2021 年新《安全生产法》将责任人员、责任范围和考核标准规定为全员安全生产责任制的法定内容。这就意味着各类企业全员安全生产责任制的基本内容或主要内容必须满足法律的强制性规定，凡是不依法制定全员安全生产责任制的，即为违法并应受处罚。

2.2.1 责任主体

责任主体是指依法负有安全生产责任义务的生产经营单位（*主要是企业*）及其从业人员，即责任人员。2002 年、2014 年《安全生产法》之所以没有规定"全员"安全生产责任制，主要原因是该法第三章中"从业人员"的范畴，即指企业的"全员"。由于法律没有明确责任主体为"全员"，因此在法律执行及企业理解上出现了一些误解和偏差：有的企业人员认为安全生产责任是"头儿"的事，有的一线员工不关心、不重视安全生产，有的安全生产责任制的责任人员非"全员"。因而"三违"屡禁不绝，事故频发。为了提升企业从业人员的安全意识、责任意识，营造企业人人重视、人人有责、人人保安全的氛围，把企业安全生产责任明确并落实到每个员工，2021 年新《安全生产法》第四条、第二十二条将企业安全生产责任主体明确规定为"全员"。

安全生产工作必须抓"人头"并压实责任，重点是企业负责人、管理人员和一线员工。"全员"是指企业所有从事生产经营活动的人员，包括企业负责人、管理人员和工作作业人员。企业负责人包括主要负责人、分管安全生产工作的专职负责人和其他负责人。在实践中，主要负责人包括法定代表人（董事长或总经理）、总经理（厂长）和实际控制人；实际控制人主要包括虽未担任企业法定代表人，但对企业生产经营活动具有全面、最终决策权的人，可以分解为投资人、控股人或大股东等。主要负责人是本企业安全生产的第一责任人。企业分管安全生产工作的负责人（安全副总、副厂长）是专门主抓安全生产工作的副职负责人，其职责是协助主要负责人全面履行法定职责。企业其他负责人是分管其他业务工作的副职负责人，除负责本职工作外还要履行相关的安全生产职责。

企业管理人员既包括负责安全管理工作专门机构的管理人员，也包括其他相关业务管理机构的各类管理人员。企业工作作业人员包括所有具体从事生产经营工作、作业的一线员工，既有职员也有工人。

2.2.2　责任范围

企业"全员"安全生产责任，虽因其职位、责任的差异而有所不同，但应以岗定责，有岗必有责，不漏一岗、不落一人，全体从业人员应当各有其责、各负其责、齐抓共管。

企业主要负责人作为第一责任人，对本企业的安全生产工作负总责、负全面行政领导责任、负第一位法律责任，如有违法行为，将承担相应的法律责任。2021 年新《安全生产法》第二十一条规定生产经营单位主要负责人对本单位安全生产工作的法定职责是：建立健全本单位安全生产责任制，加强安全生产标准化建设；组织制定本单位安全生产规章制度和操作规程；组织制定并实施本单位安全生产教育和培训计划；保证本单位安全生产投入的有效实施；组织建立并落实安全风险分级管控和隐患排查治理双重预防工作机制，督促、检查本单位的安全生产工作，及时消除生产安全事故隐患；组织制定并实施本单位的生产安全事故应急救援预案；及时、如实报告生产安全事故。

企业分管安全生产工作的负责人是企业安全生产工作专职负责人，其职责是协助主要负责人全面分解、细化、落实其法定职责，负责企业日常安全生产工作，实行一岗一责、一岗专责，不实行一岗双责。2021年新《安全生产法》规定企业其他负责人对职责范围内的安全生产工作负责，因此也要明确本职工作相关的安全生产工作职责，实行一岗双责。

鉴于企业专职安全管理人员实行一岗专责，2021年新《安全生产法》第二十五条规定生产经营单位安全管理机构以及安全管理人员的法定职责是：组织或者参与拟订本单位安全生产规章制度、操作规程和生产安全事故应急救援预案；组织或者参与本单位安全生产教育和培训，如实记录安全生产教育和培训情况；组织开展危险源辨识和评估，督促落实本单位重大危险源的安全管理措施；组织或者参与本单位应急救援演练；检查本单位的安全生产状况，及时排查生产安全事故隐患，提出改进安全管理的建议；制止和纠正违章指挥、强令冒险作业、违反操作规程的行为；督促落实本单位安全生产整改措施。第二十六条要求生产经营单位的安全管理机构以及安全管理人员应当恪尽职守，依法履行职责；生产经营单位作出涉及安全生产的经营决策，应当听取安全管理机构以及安全管理人员的意见；生产经营单位不得因安全管理人员依法履行职责而降低其工资、福利等待遇或者解除与其订立的劳动合同。企业其他管理人员也应结合本职工作明确其安全生产工作职责，实行一岗双责。

企业作业人员应当按照本岗位、本工种的工作性质、工作任务明确各自的安全责任，也可以在相关工作、管理制度和操作规程中加以明确。不直接从事一线工作作业的从业人员，也要增强关注安全、关爱生命的安全意识，践行安全责任。

2.2.3 考核标准

全员安全生产责任能否责任到人、落实到位，关键是要制定一套科学严格的考核标准。考核标准是衡量全员安全生产责任制是否健全、落地的一把尺子。这把尺子是否严密、精准、可操作，对于全员安全生产责任制能否落实至关重要。

2021年新《安全生产法》第二十一条要求企业主要负责人"加强安全生产标准化建设"，全员安全生产责任制也应实现标准化。安全生产工作标准是考核从业人员安全生产工作的尺度，全员安全生产责任制考核标准是其重要组成部分。全员安全生产责任制考核标准一般应包括考核指导思想及原则、考核组织人员及其职责、考核对象、考核依据、考核内容、考核方式方法、考核程序、考核时序频次、考核结果评价、考核结果与绩效奖惩、问题整改意见建议等，需要建立适合企业特点的考核工作专班、工作机制和制度规范，加强日常考核、保证落实到位。

2.2.4 持续完善

全员安全生产责任制能否切实落地，不仅是要建立全员安全生产责任制，更重要的是持续不断地健全完善，使其不断地与时俱进。建立健全全员安全生产责任制，"建立"只是第一步，接下来要做的是以下内容。

① 解决安全责任的清晰明确问题。

② 接受实践的检验。

③ 根据监管政策、企业业务变化和应对风险的需要，"健全"完

善，修改、消除原有责任制的缺陷，使安全责任更加合理、精准、有效。

建立与健全是一个持续渐进、不断深化的过程。企业不仅要重视责任制的建立，更要重视健全完善这项制度，进而实现企业安全管理的科学化、制度化、规范化，织密安全责任网[①]。

2.3 全员安全生产责任制的违法责任

既然全员安全生产责任制是以企业从业人员岗位职责为主的法律制度，那么它必然具有法定权利、义务、责任的统一性。换言之，企业未依法建立健全和落实全员安全生产责任制即构成违法，国家执法机关会对违法企业及其违法人员的行为予以法律制裁。

2.3.1 全员安全生产责任制的违法主体

建立健全全员安全生产责任制是强制性的法定义务，不履行义务的违法主体有两个。

① 企业整体作为一个违法主体；

② 企业"全员"中的任何一员。

也就是说，将受法律追究的违法主体包括违法企业及其违法从业人员，但主要是后者。

2.3.2 全员安全生产责任制违法行为

追究企业及其从业人员法律责任必须行为法定，即犯有法律法规明文列举的相关违法行为，企业及其从业人员将受处罚。从广义上说，凡

---

① 石少华：《企业全员安全生产责任制解析》，载《电力安全技术》，2022，第24卷（7）：1-4。

是安全生产法律、法规、规章一般性规定企业及其从业人员未履行其建立健全全员安全生产责任制的违法行为，均应受法律制裁。从狭义上说，只有安全生产法律、法规、规章专门规定企业及其从业人员未履行其建立健全全员安全生产责任制的违法行为，方可予以法律制裁。按照相关法律，生产经营单位相关人员有以下违法行为须接受法律制裁。

① 生产经营单位的主要负责人、其他负责人和安全管理人员未履行相关法律规定的安全管理职责的；

② 生产经营单位的从业人员不落实岗位安全责任，不服从管理，违反安全生产规章制度或者操作规程的；

③ 生产经营单位发生安全事故，调查发现未履行相关法律规定的安全管理职责的。

2.3.3　全员安全生产责任制违法行为的法律责任

对全员安全生产责任制违法行为的责任追究有行政责任和刑事责任两种方式，责任主体是企业从业人员。

（1）行政责任。

2021年《安全生产法》有关追究企业从业人员行政责任的规定主要包含以下内容。

① 生产经营单位的主要负责人未履行本法规定的安全管理职责的，责令限期改正，处二万元以上五万元以下的罚款；逾期未改正的，处五万元以上十万元以下的罚款，责令生产经营单位停产停业整顿。

② 生产经营单位的主要负责人未履行本法规定的安全管理职责导致发生生产安全事故的，给予撤职处分；生产经营单位的主要负责人受刑事处罚或撤职处分的，自刑罚执行完毕或受处分之日起，五年内不得担任任何生产经营单位的主要负责人；对重大、特别重大生产安全事故负有责任的，终身不得担任本行业生产经营单位的主要负责人。

③ 生产经营单位的主要负责人未履行本法规定的安全管理职责导致发生生产安全事故的，由应急管理部门依照下列规定处以罚款。

——发生一般事故的，处上一年年收入百分之四十的罚款。

——发生较大事故的，处上一年年收入百分之六十的罚款。

——发生重大事故的，处上一年年收入百分之八十的罚款。

——发生特别重大事故的，处上一年年收入百分之一百的罚款。

④ 生产经营单位的其他负责人和安全管理人员未履行本法规定的安全管理职责的，责令限期改正，处一万元以上三万元以下的罚款；导致发生生产安全事故的，暂停或者撤销其与安全生产有关的资格，并处上一年年收入百分之二十以上百分之五十以下的罚款。

⑤ 生产经营单位的从业人员不落实岗位安全责任，不服从管理，违反安全生产规章制度或者操作规程的，由生产经营单位给予批评教育，依照有关规章制度给予处分。

（2）刑事责任。

① 企业从业人员有下列行为构成犯罪的，依照刑法有关规定追究刑事责任。

② 生产经营单位的主要负责人未履行本法规定的安全管理职责，导致发生生产安全事故，构成犯罪的。

③ 生产经营单位的其他负责人和安全管理人员未履行本法规定的安全管理职责，构成犯罪的。

④ 生产经营单位的从业人员不落实岗位安全责任，不服从管理，违反安全生产规章制度或者操作规程，构成犯罪的。

依照2020年《刑法修正案》（十一）的规定，强令、组织他人违章冒险作业或者明知存在重大事故隐患而不排除，仍冒险组织作业，因而发生重大伤亡事故或者造成其他严重后果的，处五年以下有期徒刑或者拘役；情节特别恶劣的，处五年以上有期徒刑。

③ 建立全员安全生产责任制的原则

《安全生产法》规定全员安全生产责任制，意在向企业强调，保证安全生产的顺利进行，已经不是一个部门或者一个人的职责，而是全员配合的结果。其内核是要求企业安全管理工作中做到"全员参与"，从企业负责人到每个一线员工、从管理层到技术层、从各个专业到各个岗位环节都要健全落实，明确企业所有人员承担的安全生产责任。如何建立全员安全生产责任制，是企业安全合规的重点内容。

3.1 "以岗定责"原则

岗位不同决定了承担安全生产责任的不同，角色定位必须准确，不能随意搭配。岗位安全生产责任清单的编制和责任追究应基于岗位工作职责，管业务必须管安全，结合各岗位特点，确保安全责任与岗位安全风险相匹配。

岗位责任划分举例如下。

因设计上的错误或缺陷而发生不安全事件的，由设计者负责。

因制造、安装、检修、施工方面的错误或缺陷而发生不安全事件的，由制造、安装、检修、施工者负责。

因工艺条件和技术操作方法的确定有错误或缺陷而发生不安全事件的，由工艺条件和技术操作方法的确定者负责。

因作出的错误决定而引发不安全事件的，由错误决定者负责。

因违章指挥而引发不安全事件的，由违章指挥者负责。

因安全规章制度不健全、不完善而发生不安全事件的，由生产组织者负责。

因安全卫生防护装置（附件）缺少或失效而发生不安全事件的，由生产组织者负责。

因指派未经安全教育或不懂安全操作知识的人员上岗操作而造成不安全事件发生的，由指派者负责。

因违反安全规章制度或操作错误而造成不安全事件发生的，由操作者负责。

因随意拆除安全卫生防护装置或安全附件而造成不安全事件发生的，由拆除者或决定拆除者负责。

对已发生过不安全事件而又未及时采取有效的防范措施，致使类似不安全事件重复发生的，由单位领导负责。

对已查出的隐患（问题）有能力整改而未及时整改，导致不安全事件发生的，由单位领导负责。

对安全管理部门或其他专业（职能）管理部门下达的隐患（问题）整改指令（通知）未按规定的期限整改或违抗指令而导致不安全事件发生的，由单位领导负责。

对暂时无法整改的隐患（问题）未及时提出防范措施或执行防范措施不力而导致不安全事件发生的，由单位领导负责。

对明知不安全而强令或指挥他人冒险作业，导致不安全事件发生的，由指挥者负责。

对未按规定办理有关许可签证手续而从事煤气、氧气、乙炔气等易燃易爆设备（设施）以及锅炉、压力容器、压力管道和电气设施检修或进行爆破作业，导致不安全事件发生的，由施工组织者负责。

对建筑、安装、检修工程在未制定施工安全措施之前就开工而造成不安全事件发生的，由工程施工组织者负责。

对建筑、安装、检修工程的施工安全措施执行不力或不执行而造成不安全事件发生的，由项目负责人负责。

对职工举报的不安全事件隐患或重大危险因素，接报者或单位领导不予理睬或不予整改而造成不安全事件发生的，由接报者或单位领导负责。

对明知有危险或已发现（查出）的危险因素不予报告而引起不安全事件发生的，由知情不报者负责。

3.2 "层层分解"原则

企业建立责任制体系，应当根据安全生产具体情况，梳理各部门及所属单位所涉及业务的生产特点和责任要点。再结合岗位工作职责，将部门及所属单位安全生产责任要点分解到各岗位，建立起安全生产责任"金字塔"。

3.3 "全员参与"原则

"全员"表现在两个方面，具体如下。

横向的全员，即所有部门的参与，生产现场的安全风险管理不仅是安全部门的工作，生产、工程、人力资源、财务、工艺等各个部门都应该参与其中。

纵向的全员，即从企业最高领导到一线的每个员工，都关注生产现场的安全风险管理。

全员参与管理。制定责任制过程中须与各级人员进行沟通，各岗位人员应充分参与本岗位安全生产责任清单的编制工作，对制定的本岗位安全责任做到清晰明确。

3.4 "宣传贯彻"原则

企业要在适当位置对全员安全生产责任制进行长期公示。公示的内容主要包括：所有层级、所有岗位的安全生产责任、安全生产责任范围、安全生产责任考核标准等。企业主要负责人要指定专人组织制定并实施本企业全员安全生产教育和培训计划。企业要将全员安全生产责任制教育培训工作纳入安全生产年度培训计划，通过自行组织或委托具备安全培训条件的中介服务机构等实施，确保各级人员清楚自己的职责、权限与考核标准。将员工拒绝程序向所有的员工进行沟通与宣贯，要求员工清楚必须遵守和拒绝的程序。责任制修订后进行正式发布，且确保员工容易获取。

3.5 "考核追究"原则

企业要建立健全安全生产责任制管理考核制度，对全员安全生产责任制落实情况进行考核管理。要健全激励约束机制，通过奖励主动落实、全面落实责任，惩处不落实责任、部分落实责任，不断激发全员参与安全生产工作的积极性和主动性，形成良好的安全文化氛围。

④ 容易忽视的相关方责任

生产现场除了生产经营单位员工以外的人员，被称为相关方。很多企业在建立全员安全生产责任制时，并没有考虑相关方的管理。但《安全生产法》规定，生产经营单位使用被派遣劳动者的，应当将被派遣劳动者纳入本单位从业人员统一管理，对被派遣劳动者进行岗位安全操作规程和安全操作技能的教育和培训。劳务派遣单位应当对被派遣劳动者进行必要的安全生产教育和培训。也就是说，生产经营单位必须对相关方人员进行培训和管理。

《企业安全生产标准化基本规范》（GB/T33000-2016）规定，企业应建立承包商、供应商等安全管理制度，将承包商、供应商等相关方的安全生产和职业卫生纳入企业内部管理，对承包商、供应商等相关方的资格预审、选择、作业人员培训、作业过程检查监督、提供的产品与服务、绩效评估、续用或退出等进行管理。

企业应建立合格承包商、供应商等相关方的名录和档案，定期识别服务行为安全风险，并采取有效的控制措施。

企业不应将项目委托给不具备相应资质或安全生产、职业病防护条件的承包商、供应商等相关方。企业应与承包商、供应商等签订合作协议，明确规定双方的安全生产及职业病防护的责任和义务。

4.1 承包商的安全责任

承包商管理的基本要求是，明确双方责任，严格审查安全资质和专业技术能力，做好现场作业的安全风险分析，开展对作业现场的监督和管理。

《建设工程安全管理条例》规定，建设工程实行施工总承总包和分包的安全责任。建设工程实行施工总承包的，由总承包单位对施工现场的安全生产负总责。

总承包单位依法将建设工程分包给其他单位的，分包合同中应当明确各自的安全生产方面的权利、义务。总承包单位和分包单位对分包工程的安全生产承担连带责任。

分包单位应当服从总承包单位的安全管理，分包单位不服从管理导致生产安全事故的，由分包单位承担主要责任。

应将承包商的安全管理纳入企业的风险预控管理体系中，制定承包商的选定、管理及监督的工作计划，其根本目的是分清企业和承包商间的职责，减少潜在的危害，确保企业和承包商员工的安全，并保护企业和承包商自身的财产不受损失。

企业要根据所需承包的工作性质，进行承包商的资格预审，保证所选择的承包商的合法性、适应性和可靠性。在选择承包商前，告知承包商所从事工作的风险类型、企业所采取的安全措施和建立风险预控管理体系的内容，获得承包商认可并愿意按照企业所制定的风险预控管理体系执行，才具备投标资格。在此基础上进行招投标择优选择承包商。

选定承包商后，双方应在项目实施阶段明确各自的职责和义务。项目实施前，企业须对承包商的风险预控管理计划进行评审，并确保承包商的员工对风险预控管理计划有清晰的了解。同时，定期召开协商会议，研究解决项目进展中出现的问题，承包商应出席企业的安委会。项目实施过程中，双方共同开展对承包商的安全检查和监督，对需要变更的项目，通过沟通和协调，按照变更管理的程序执行。企业进行管理评审时，应将承包商纳入评审范围，年终实施考核。

4.2 供应商的安全责任

供应商负责对其或其分供应商提供的所有设备和服务进行质量监督，其监督活动遵照供应合同的质量要求进行，确保无论是供应商自己的工厂制造还是外部采购的材料、设备和服务，均必须满足安全生产的需要。

对供应商资格预审、选用和续用等过程进行风险管理，定期识别与采购有关的风险。供应商应确保所供应的产品符合规定的安全要求，危险化学品供应方应具有安全生产许可证，危险化学品经营许可证。

化学品供货人，无论是制造商、进口商还是批发商，均应保证如下内容。

① 对经销的化学品在充分了解其特性并对现有资料进行查询的基础上，进行危险性分类和危险性评估。

② 对经销的化学品进行标识，以表明其特性。

③ 对经销的化学品加贴标签。

④ 为经销的危险化学品编制安全技术说明书（MSDS）并提供给用户。

危险化学品的供货人应保证，一旦有了新的安全卫生资料，应根据国家法规和标准修订化学品标签和安全技术说明书（MSDS），并及时提供给用户。

4.3 监理单位的安全责任

工程监理单位应当审查施工组织设计中的安全技术措施或者专项施工方案是否符合工程建设强制性标准。

工程监理单位在实施监理过程中，发现存在安全事故隐患的，应当要求施工单位整改；情况严重的，应当要求施工单位暂时停止施工，并及时报告建设单位。施工单位拒不整改或者不停止施工的，工程监理单位应当及时向有关主管部门报告。工程监理单位和监理工程师应当按照法律、法规和工程建设强制性标准实施监理，并对建设工程安全生产承担监理责任。

第 10 章 C H A P T E R

安全责任落实方法

① **宗旨：把安全责任落实到每个员工**

我在《生命第一：员工安全意识手册（12 周年修订升级珍藏版）》专门写了一小节，讲到履行安全责任是每个员工最低的职业标准。

世界 500 强企业 BP 公司说："我们工作生活在充满风险的世界。"套用这句话，我们也工作生活在相互联系的世界。

意识决定行为，安全意识决定安全行为。

很多企业因为忽视安全责任而破产倒闭，说明社会责任对企业很重要，安全则是重中之重。

没有安全，企业怎么可能生存和发展；没有安全，企业怎么保证质量和效益；没有安全，企业怎么谈得上社会责任。

我们讲企业的社会责任，安全是企业最基本的责任，是企业第一位的责任。

安全之重要，对于国家、对于政府，也是如此。以人为本，首先要以人的生命为本，科学发展首先要安全发展，和谐社会首先要关爱生命。

中国企业面临着沉重的安全责任。

国际上有一个说法，当一个国家的人均GDP在1000美元～3000美元时，蓬勃发展的工业部门在生产力和劳动率上的高速增长，加大了工人在作业当中面临的事故风险。工人由于工作量加大、工作节奏加快而导致的疲劳、压力增加、注意力分散，以及随之而来的自我保护能力的下降，都会增加工人的作业风险。与此同时，劳动力市场也会吸纳更多缺乏经验的工人。他们在工作中更容易因为操作失误而引发安全事故，这给整个劳动者群体带来了更大的风险。

我国人均GDP在2009年走出了3000美元区间，到2019年突破1万美元大关。回过头来看，事故高发的势头并未因人均GDP的增长自动得到遏制，而是国家、各级政府、全社会付出了艰苦的努力才得以实现。

"治乱当用重典"，根治当时企业的安全生产状况，也少不了严刑峻法：《安全生产法》《矿山安全法》《消防法》《道路交通安全法》等。除此之外，国务院出台了《安全生产许可证条例》《关于进一步加强安全生产工作的决定》等规范性文件，再加上国务院有关部门制定的规章，有上百部法规在强调安全生产的责任。

中国企业如何才能承担起千钧重任？

仔细考察，我们会发现，企业的社会责任系统从来都不是企业一家的事情，包含政府、企业和员工三个主体。拿安全生产来说，政府是监管主体，企业是责任主体，员工就是执行主体（又叫工作主体）。企业在社会责任体系中处于核心地位，是个中轴。企业不是抽象的，它不会天然地承担责任，要靠内部各个岗位的共同承担。

电影《中国机长》根据2018年5月14日四川航空3U8633航班机组成功处置特情真实事件改编，因情节生动，细节真实，扣人心弦，火爆一时。影片讲述了"中国民航英雄机组"成员与 119 名乘客遭遇极端险情,在万米高空直面强风、低温、座舱失压的多重考验。生死关头,他们临危不乱、果断应对、正确处置,确保了机上全部人员的生命安全,创造了世界民航史上的奇迹。

飞行中出现了极端天气,风和气压强度交织在一起使情况更差。"呼",驾驶室的前挡风玻璃出现了一小段裂痕。驾驶员的心一下子揪了起来。"嘭"的一声,副驾驶座位前的玻璃全部破裂了,大量狂风和伴随的大气压冲了进来。副驾驶半个身体被吸到了破裂口,眼看十分危急,机长毅然决定,向总部申请临时下降重庆。万米高空,气团翻滚,挡风玻璃不断扩大的一道裂缝,使得机长刘传建在生死关头,展开一场与死神的赛跑,最终,他赢了。从飞行中发生事故到备降成功,耗时 34 分钟。机长刘传建的这一操作,被相关部门模拟了十次,无一次成功,却被刘传建人为地做到了。

机长刘传健在中央电视台《开讲啦》栏目中说:"为什么机长的标志是四杠,而不是三杠?因为它代表的是专业、知识、技术、责任,而多的一杠就是责任。"

心中始终牢记"责任"二字,让他在处理险情时比别人多了更多的担当。

出现安全问题,我们可以责备某些政府监管不到位,企业没有尽到责任,但不能忽视了员工的作用。按照事故致因理论和国内外的统计数据,90% 以上的事故是由于员工的不安全行为造成的。

我认为,企业的安全责任,实际上就是岗位员工的责任。

不仅是我这样看,我们国家的领导层也清醒地意识到,逐级压实责任,直至每个员工,企业安全生产是每一个员工的责任。

2018 年 4 月,中共中央办公厅、国务院办公厅印发《地方党政领导干部安全生产责任制规定》，其中要求"地方各级党委和政府主要负责人是本地区安全生产第一责任人，班子其他成员对分管范围内的安全生产工作负领导责任。""坚持党政同责、一岗双责、齐抓共管、失职追责，坚持管行业必须管安全、管业务必须管安全、管生产经营必须管安全。"

此前，国务院安委会办公室发出《关于全面加强企业全员安全生产责任制工作的通知》，要求结合企业实际，建立健全横向到边、纵向到底的全员安全生产责任制，把安全生产责任落实到每一个单位、每一个岗位、每一个员工。

经过全社会的共同努力，中国企业遏制住了重特大事故高发频发势头，生产事故数量有了明显下降，安全生产形势有了很大好转，但各地区、各企业很不平衡，各类事故仍然时有发生，安全管理水平仍然有很大的提升空间。正如应急管理部《"十四五"危险化学品安全生产规划方案》提到的目标那样，到 2035 年，危险化学品安全生产责任体系健全明确并得到全面落实，重大安全风险得到有效防控，安全生产进入相对平稳阶段，10 万从业人员死亡率达到或接近发达国家水平。各行各业与危化品生产企业相似，安全生产达到或接近发达国家水平任重而道远。

响应政府号召，落实安全责任，做一个有责任感的企业人，对自己负责，对家庭负责，对他人负责，对每项工作负责。

肩负起安全生产的责任，是每个员工最低的职业标准。人力资源市场上，求职讲究可雇佣性，求职者是否具备安全意识和安全技能是可雇佣性的前提条件。

学习和执行是提高可雇佣性的重要措施。

只有学习，才能提高技能，才能明察秋毫，不放过一个隐患；

只有执行，才能把责任扛在肩上，才能让制度从墙上走进心上；

只有学习和执行，安全也才有保障[①]。

① 祁有红：《生命第一：员工安全意识手册（12 周年修订升级珍藏版）》，北京，企业管理出版社，2022.06。

❷ 安全责任管理

安全生产责任结构，如图 10-1 所示。

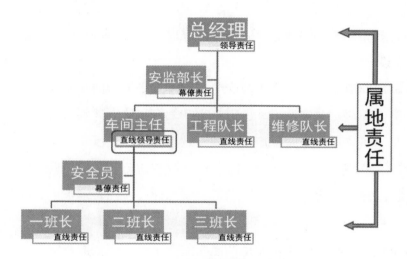

图 10-1 安全生产责任结构

2.1 领导责任与有感领导

2.1.1 领导责任

国家安全生产的政策法规要求：建立健全"党政同责、一岗双责、齐抓共管"的安全生产责任体系；各级政府坚持"管行业必须管安全、管业务必须管安全、管生产经营必须管安全"；各类企业必须认真履行安全生产主体责任，做到安全责任到位、安全投入到位、安全培训到位、安全管理到位、应急救援到位。

2015 年 3 月，原国家安全生产监督管理总局要求各企业将《企业安全生产责任体系五落实五到位规定》张贴在醒目位置，并严格按照要求，抓紧完善安全生产领导责任制，调整安全管理机构人员，建立相关工作制度。

按照《安全生产法》的规定，生产经营单位的主要负责人是本单位安全生产第一责任人，对本单位的安全生产工作全面负责。其他负责人对职责范围内的安全生产工作负责。

生产经营单位的主要负责人对本单位安全生产工作负有下列职责。

① 建立健全并落实本单位全员安全生产责任制，加强安全生产标准化建设；

② 组织制定并实施本单位安全生产规章制度和操作规程；

③ 组织制定并实施本单位安全生产教育和培训计划；

④ 保证本单位安全生产投入的有效实施；

⑤ 组织建立并落实安全风险分级管控和隐患排查治理双重预防工作机制，督促、检查本单位的安全生产工作，及时消除生产安全事故隐患；

⑥ 组织制定并实施本单位的生产安全事故应急救援预案；

⑦ 及时、如实报告生产安全事故。

2.1.2　有感领导

说起有感领导，大家普遍感到陌生。

很多年前，杜邦公司就开始把员工的感觉（Felt）和领导（Leadership）联系在了一起。杜邦公司早期火药生产过程的高风险性和安全管理措施的不完善，生产中曾发生过多次严重事故。事故使杜邦公司的高层领导意识到，各级管理层对安全负责和雇员的参与，是当时公司能否生存的重要条件。埃留特·伊雷内·杜邦把自己的家建在车间上面的山坡上，自己家的安全和雇员生命安全联系在一起，给员工真真切切的感受。特别是在 1818 年杜邦历史上最严重的 40 名工人丧生的爆炸事故发生以后，公司规定在杜邦家族成员亲自操作之前，任何雇员不允许进入一个新的或重建的工厂，并进一步强化高阶管理层对安全的负责制。杜邦的做法几经演变，总之，"Felt Leadership"，既重视领导者的行为，更重视员工的感觉。

"有感领导（Felt Leadership）"，这个融合中西方文化的词汇，让感召力不再神秘[①]。

（1）有感领导的含义。

有感领导，即领导通过自己的言行示范，并给予安全工作在人力、物力上的保障，让雇员和下属体会感受到领导对安全的重视。

有感领导的三层含义。

① 安全影响力——有感是部属的感觉不是领导者本人的感觉，是让雇员和下属体会到领导对安全的重视；

② 安全示范力——自上而下，强有力的个人参与，各级管理者深入现场，以身作则，亲力亲为；

③ 安全执行力——提供人力、物力和组织运作上的保障，让雇员感受到各级管理层履行对安全责任做出承诺。

（2）有感领导四要素[②]。

① 能见度（visibility）：领导者出现工作场所及领导典范的可见程度，包括工作任务的参与，贯彻执行规则及组织安全政策，扮演安全角色楷模。

② 关系（relationships）：借助与工作团体之间高层次的沟通，倾听心声，采纳建议，以发展开放、坦诚和信赖的关系，随时保持"开放"的政策，鼓励全体成员尽情地讨论安全事项，而且不必恐惧会受到责难。

---

① 祁有红：《有感领导——做最好的安全管理者》，北京，北京出版社，2012.09。
② 祁有红，祁有金：《安全精细化管理》，北京，新华出版社，2009：252-256。

③ 工作团体的投入（workforce involvement）：在规划及决定方面，工作团体的投入及授权有助于增进其自主权及安全绩效责任。

④ 主动管理（proactive management）：包括在安全事务方面采取行动，对意外事件采取适当的后续行动，获得雇员及在线主管的支持，建议有效的对策及建立系统，为意外及事件报告提升开放的气氛，让雇员看到支持正确的安全行为，质疑拙劣的安全行为，奖励展现正确行为的人等明确态度。

有感领导要求，包括组织基层主管和最高管理者在内，无论是哪个级别的主管，都应该通过各种行为或者行动来体现自己的安全领导力，所表达出的影响力应该为雇员所感知。管理者对安全的见解、行为和习惯通过影响力，体现在组织生产运营的任何地方、任何级别、任何时间，对雇员操作行为的安全性起到积极的促进作用。

（3）重视安全，从领导到干部队伍。

我在深入企业传播安全管理理念和工具时，与众多的企业进行了广泛的交流。我发现，仅仅让下属感受到领导对安全的重视，并不能保证员工一定会按领导要求的去做，更不能保证员工长期坚持按领导要求的去做。对照通用电气（GE）等跨国企业安全领导力的做法，结合本土企业的安全管理实践，我们有责任让有感领导获得新的发展。

① 第一个发展，必须把有感领导的落脚点，放到整个组织的执行力上。

有感领导，关系到领导的威望、群众的感受以及整个组织的执行力这样严峻的问题[①]。

研究深入后的有感领导，探讨的仍然不是领导者的全部工作，而是集中精力，关注影响领导者最为关键的能力——让部属感受到领导对安全的重视，自觉在安全意识和行为上做出响应。这是领导的根本。领导

---

① 祁有红：《有感领导——做最好的安全管理者》，北京，北京出版社，2012.09。

不是独自行动，有人跟着你走，你才是领导，没人跟随，你就是"光杆司令"，就不是领导。有些领导不是不做，而是做了没有效果。就像3 级以下的地震不是不震，是人们感觉不到。领导者，既要运用职位赋予的权力，更要建立个人的影响力。你的志向抱负、你的政策措施、你的博大胸怀，符合组织价值观的，要通过你可视、可感、可悟的言行，让群众所感知、感染、感动，自然就会收获到群众自愿自发的工作热情。

② 第二个发展，实现有感领导的途径，必须进一步深化，要从依赖领导者个人魅力向依靠干部队伍整体合力的方向转变。

（4）感召力、有感领导两者的不同点。

感召力——与生俱来的、先天的、天才的；与气质、性格等特定人格相联系；领袖、崇拜对象、组织中的灵魂人物；不依赖于职位。感召力让人追随。

有感领导——可学习、后天养成的；任何气质、性格的人都可以用言行体现；组织中各个层级的领导；与职位密切相关。有感领导让部下行动。

有感领导是各级干部必须掌握的基础修炼。领导者的感召力，绝不仅仅取决于领导者个人，中基层干部担负着上传下达的桥梁作用。组织头绪繁多，领导精力有限，没有分身术，干部就是领导的替身。干部存在的价值，就在于替领导实施组织落实、检查控制等各项管理职能。各级干部要学习有感领导，不做简单的传声筒，对会给领导威望加分的事，要做放大器；对会使领导形象受损的事，要做消音器。担负起维护上级领导权威的责任，同时，按照安全职责要求，做好本职工作，在自己的下属面前做一个有感领导者。

2.2 直线责任与幕僚责任

2.2.1 直线责任与幕僚责任的区别 [①]

你在企业的位置是什么?

是直线长官,还是幕僚。

你会想,这有区别吗? 区别可大了去了。

如果你是直线长官,你就要负责直线责任。

2300 多年前,欧洲历史上最伟大的军事天才,马其顿帝国最负盛名的征服者,驰骋欧亚非大陆的亚历山大大帝,把他手下的众多干部分为两种序列。一类是领军打仗的作战官,负责完成军事目标,有指挥权。这种指挥权自上而下,像一条直线,上级指挥下级,下级向上级负责,被称为直线长官(line officer),是各级首长。另一类是幕僚,幕是幕布,僚也是官,幕僚是藏在大幕后面的官,不需要冲锋陷阵,只需要做好参谋、辅助的作用。

两类人被亚历山大赋予了不同的责任。直线长官,担负的就是"直线责任"(line responsibility),要对军事行动的成功与否负责,幕僚承担的是"幕僚责任"(staff responsibility),负责向长官提建议,提供服务,做好自己的工作。

亚历山大早就把中基层干部的责任界定清楚了。

他担任马其顿国王只有短短 13 年,东征西讨,先是确立了在全希腊的统治地位,后又灭了波斯,在横跨欧亚的辽阔土地上,建立起了一个西起巴尔干半岛、尼罗河,东至印度河这一广袤地域幅员空前的庞大帝国,促进了东西方文化的交流,创下了前无古人的辉煌业绩。

---

① 祁有红:《有感领导——做最好的安全管理者》,北京,北京出版社,2012.09。

后人评价亚历山大，说他雄才大略，善于落实各级长官和幕僚的责任，是他战无不胜的法宝。

高度竞争成就的军队管理方式，影响到人类社会的各类组织。政府机关有首长和机关干部之分，企业里也一样，并且更加丰富和具体。

国企里的各级行政领导，市场化企业的各级运营负责人，包括公司老总、项目经理、车间主任、工程队长、班组长，以及所有职务中带"长"或者不带"长"字的，只要负责管理一群人，都是长官，都是承担者直线责任者。

各个部门负责人除了事业部体制外，一般不对企业基层负直接管理责任，但他们是各个部门的首长，同样对所在部门负有直线责任。

我在与企业管理人员交流中，听到大家从工作出发，做出趋向一致的意见。即直线责任这条线，可以一直延续下去，延续到对最后的结果直接产生影响的人员，包括生产人员、研发人员、销售人员等。机关职能部门人员和基层管理单元的职能岗位人员，是幕僚，承担幕僚责任，但同时和生产人员、研发人员一样，对自己工作的安全、质量、效率等承担直线责任。

直线责任，是组织运营中最主要的责任。

2.2.2 压力山大综合征

说起亚历山大，有位电业局的局长跟我说，他现在是"亚历山大"。我说，什么你现在是亚历山大？他说，对，只不过，是"压力山大"，安全的压力像山一样大。他的安监部长也说自己"压力山大"，并举了一个例子。

有一天夜里 11 点多，他已经睡下了。刚刚睡着，电话铃响了。

他心里一惊，"腾"地一下坐起身。心想哪里出了问题，接过电话："老同学，好久没见了……"他一听，那个气就不打一处来："好你个头，神经病！"

"唉，你这就不对了。几年没见了。我来了，给你打个电话，怎么成这样了？"

安监部长也觉得理亏，赶忙解释："老同学，实在不好意思……"

放下电话，心悸难平，这一夜再也睡不好。

在企业跑得多，这样的故事听得也多。内容大同小异，都是得了职业病，半夜听到电话响，一夜就睡不好。主角要么是企业负责人，要么是安监部门负责人。职业病就是企业的安全压力大，被戏称为"压力山大综合征"。

我们用亚历山大大帝提出的两个分类来分析。企业的领导是"长官"，承担着直线责任，安监部门的负责人是"幕僚"，承担着幕僚责任。长官对最终结果负责人，长官的压力大是正常的，但压力山大是不正常的，说明他的层层下级没有把压力传递下去。幕僚有压力是正常的，但压力山大，同样也是不正常的，也说明各级干部以及处在一线岗位的人员没有肩负起责任。

2.2.3　厘清界限：直线责任不能让幕僚担

关于幕僚责任需要说明的是，很多企业让本来是幕僚的安监人员肩负起本来是直线领导的管理安全的责任，就像让参谋去直接指挥打仗，再就是让安监人员代替岗位员工查隐患。全体员工都应该担负各自岗位的查隐患责任。安监人员只是幕僚，是参谋，是顾问，是咨询对象，是监督直线领导和岗位员工的安全生产监管者。

已经有地方政府做出直接规定，查隐患不是安监人员的责任。《山东省生产安全事故隐患排查治理办法》明确如下。

① 生产经营单位承担事故隐患排查治理的主体责任。

② 生产经营单位主要负责人是本单位事故隐患排查治理的第一责任人。生产经营单位主要负责人对本单位事故隐患排查治理工作全面负责，履行下列职责：将事故隐患排查治理纳入全员安全生产责任制并加强考核；组织制定并落实事故隐患排查治理制度；保障事故隐患排查治理所需资金；组织开展事故隐患排查治理，及时消除事故隐患。

③ 生产经营单位分管安全生产的负责人或者安全总监协助主要负责人履行事故隐患排查治理职责，并直接管理本单位的事故隐患排查治理工作。生产经营单位其他相关负责人和职能部门负责人、生产车间（区队）负责人、生产班组负责人在履行各自岗位业务工作职责的同时，履行相关的事故隐患排查治理工作职责。

④ 生产经营单位的从业人员对所在工作岗位事故隐患排查治理承担直接责任，履行下列职责：知悉本岗位可能存在的事故隐患；在上岗作业前进行安全确认；正确佩戴和使用劳动防护用品；严格遵守岗位操作规程，杜绝违章作业；及时排查、消除并报告事故隐患；身体欠佳或者情绪异常时及时向班组长报告。

⑤ 生产经营单位的安全管理机构以及安全管理人员履行下列职责：组织或者参与拟订本单位事故隐患排查治理工作制度并督促执行；组织或者参与本单位事故隐患排查治理技能教育和培训，如实记录教育和培训情况；组织、督促、检查本单位事故隐患排查治理工作；对未按照规定排查治理事故隐患的有关职能部门、生产车间（区队）、生产班组以及有关责任人员，依照职权查处或者提出处理意见。

追责首先是直接责任人而非安全管理人员。该《办法》对违反规定的，生产经营单位、直接负责的主管人员和其他直接责任人员提出了明确的处罚措施，而非把安监人员单独列出作为处罚对象。

2.2.4 落实直线责任，需要做到三个方面

（1）组织的最高首长，要实现压力传递，把无限责任变为有限责任。

保证安全一直是企业领导天大的责任。这些年国家强调安全发展，保证辖区内不出现重大责任事故，又是政府领导天大的责任。有句话说，安全重于泰山。把安全看得比天都大，这是对的，但自感责任重大，如履薄冰，寝食难安，甚至惶惶不可终日，则是对健康不利，且无助于通盘领导整体工作。

从无限责任向有限责任过渡，是大趋势。过去，做生意是无限责任，生意赔了，就要倾家荡产，妻离子散，家破人亡。现在，生意场上见到的大多是有限责任公司，生意赚了，当然好，赔了，就把每个股东投入的股本赔完为止，不再是夫债妻还、父债子还。我还看到不少法律案例，即使是个体户做生意，虽然没有注册有限公司，如果赔了，产生法律纠纷，也不是像过去那样，不分青红皂白地一律用家庭共有财产抵债。

大道相通。那么，最高首长的安全责任如何才能从无限变成有限？我并不是说要推脱责任，一个企业出了事故，企业的老总肯定要负责。关键是，他应该在平时就把安全的责任分解给各级干部，尤其是各级直线责任者。向那些不能承担安全责任的干部当头棒喝："你单位的安全都保证不了，我要你干什么？"

（2）各级长官或者叫行政首长，要接替、承担、传递压力，担负起自己的责任。

西风东渐，现在国内企业负责人的职位叫 CEO 的多了起来。什么是 CEO？首席执行官。一说"首席"，似乎在一个组织中只有一个。切记，CEO 不是一个人在战斗。应该这样看，只要你负责组织内部的一个部门、一个单位，在 CEO 面前，你是部属，回到部门、单位，你就是那个部门、单位的 CEO。依此类推，你下级中的负责人也应该是这样的角色。这样一级一级像糖葫芦一样串起来的人，都是直线责任者，

都应该替上级承担压力，并且将压力向下传递。直至每个岗位的人员，他们都是自己岗位的负责人，也应该承担直接责任。

直线责任，要求一级要对一级负责任。

（3）职能部门、职能岗位人员，承担自己的幕僚责任，建立有效机制让所有人承担责任。

2007 年 6 月，我到北京亦庄经济技术开发区，参加了一个小型座谈会。几家入住开发区的企业交流经验。其中通用电气中国医疗集团参会的是两名 20 多岁的女孩子。

国内做安全的女孩子很少，即使有一般也很少挑大梁，何也？因为都觉得安全这一行"压力山大"，一般都是男人来承担压力。但是通用电气柔弱的女孩子却说，他们公司的安全部门，是协调、咨询部门，其他部门、各个层级都在主动做安全工作。

这也就是安全部门的定位问题。职能机构、职能岗位是幕僚，承担幕僚责任，定制度，出方案，监督执行，但不是越俎代庖，自己去落实。

一个组织只有所有层级、各个岗位的人，都负担起自己的直线责任，那么，组织的目的才能达到，也一定能够达到 [①]！

2.3 属地管理与全员参与

2.3.1 属地管理

属地即工作管辖范围，可以是工作区域、管理的实物资产和具体工作任务（项目），也可以是权限和责任范围。属地特性有明确的范围界限，有具体的管理对象（人、事、物等），有清晰的标准和要求。

属地管理即对属地内的管理对象按标准和要求进行组织、协调、领导和控制，通过危害识别和风险管理，保障所辖区域内自身及在区域内

---

① 祁有红：《有感领导——做最好的安全管理者》，北京，北京出版社，2012.09。

活动的工作人员、承包商、访客的安全。

属地管理就是要让员工产生"当家作主"的归属感，赋予员工对其属地享有管理权，即属地主管要对自身和进入其管辖区域的各类人员（包括施工人员、参观人员、服务人员等）实施管理。

属地主管即属地的直接管理者，要对管辖区域的工艺设备进行巡检，发现异常情况，及时进行处理并上报。较大范围的属地主管，还具备通过对员工进行安全技能培训、行为安全评价、安全分析等权限，审核签署安全工作许可证和高危作业许可证，确保管辖区域的各种非常规工作按照相关安全标准进行。

2.3.2　划分属地专人负责

层级负责：生产经营单位按照层级管理的原则，从单位领导到操作员工每个层面均应有自己的属地。

人人有责：每一个属地（基层单位、班组、生产现场、岗位）每一个时刻均有人负责管理，做到不空位、不越位、不错位。

属地管理的划分主要以工作区域为主，包括区域内的人员、设备设施及工器具等。

属地管理需将各基层单位的管辖区分片落实到具体的责任人，做到企业所属的每一个人、每一片区域、每一个设备（设施）、每个工（器）具、每一块绿地、闲置地等在每一个时刻均有人负责管理。

2.3.3　属地管理实施流程

——成立专职实施小组；

——全员培训；

——划分属地区域；

——明确责任、权限以及各级管理范围；

——将属地职责写入岗位职责；

——设立属地标识牌。

2.3.4 属地管理的重要性

由于安全工作的广泛性、繁重性、具体性，仅靠各级领导的亲自参与还远远不够。如果生产经营单位所有的空间界面没有责任划分，领导也分身乏术，必然会出现安全责任真空。必须把安全工作的职责和任务层层细分，划分各自独立又相互联系统一的细小属地，落实属地责任，形成"事事有人管、人人有专责"的良好局面，才能确保安全工作的有序、有效开展。

2.3.5 属地管理需要注意的地方

划分区域时，既要注意不能留下空白无人负责，又要避免区域重叠推诿扯皮。

确定责任时，必须要注意责任和权限相匹配，赋予属地主管必要的管理权限。

属地管理强调各级管理人员各负其责，但是属地管理可能同时引起画地为牢、各自为政的局面。涉及跨区域协作时，要提前对现场指挥、属地主管、操作人员、施工人员、服务人员之间的职责、配合流程进行明确，并确保每个现场人员都知道服从对象和安全义务，并能接受属地主管的管理。

2.3.6 全员参与

从管理的实践来看，建立一个横向到边、纵向到底的安全责任体系，是强化安全责任的落实、提升全体员工参与安全管理的意愿时防范事故发生的主要抓手。

"全员"的范围体现在以下几个方面。

① 生产经营单位的各级负责生产和经营的管理人员，在完成生产或经营任务的同时，对保证生产安全负责；

② 各职能部门的人员，对自己业务范围内有关的安全生产负责；

③ 班组长、特种作业人员对其岗位的安全生产工作负责；

④ 所有从业人员应在自己本职工作范围内做到安全生产。

"全员参与"的内容体现在以下几个方面。

① 参与管理，"写我所做，做我所写"，各类安全责任考核标准以及奖惩措施的制定要有岗位员工的意见建议；

② 参与全员风险管理，进行危害辨识，风险管控；

③ 参与现场安全改善，发现生产现场的设备、设施、工器具等的缺陷，提出建议或直接进行改进，提高现场的本质安全水平；

④ 安全标准和程序的执行，每个人的行动要与安全制度要求保持一致。

❸ 相关方责任落实

3.1 相关方管理是安全生产的难点

按照属地管理的要求，生产经营单位要对委托服务的承包商等相关方人员在本单位生产经营场所发生的事故承担相应的责任。受制于合同管理的特点，甲方不负责乙方的行政、人事和财务管理，大大减少了甲方的日常管理负担，同时也对甲方提出了新的管理课题：乙方提供服务的方式多种多样，有长期的和短期的、在现场的和不在现场的、个人的和团体的、有危险性的和一般性服务的，如何有效地管理相关方，管到什么程度，何时介入，该谁管和该管谁，如何通过程序和制度来管理，特别是在从事某项危险作业时，如何使相关方能安全地完成合同约定的服务，是目前许多企业面临的难题。

落实相关方安全管理责任的关键是选择和监管。

3.2 相关方管理的步骤

甲方的安全管理体系中应包括对相关方的管理，使用相关方服务应包括以下步骤。

——风险评估；

——资格预审；

——选择相关方；

——开工前的准备；

——作业过程中的管理；

——完工评估。

无论相关方提供的服务是在甲方的场地还是在相关方自己的设施或场地上进行，甲方负责合同和相关方管理的人员必须确定甲方介入的深度，来保证相关方的作业安全地完成。

根据相关方作业的风险级别以及与相关方作业有关的潜在后果，甲方在相关方的挑选、指导和安全的文档管理方面，需要介入的深度是不同的。

甲方的有关人员必须保证让相关方了解其作业的风险与危险，并确保相关方有能力安全地完成作业。相关方必须遵守安全法规的要求，如果发现有问题和不安全的做法必须立即进行整改。

所有合同结束时必须提交安全表现报告。反馈的信息有助于今后甲方安全管理体系的持续改进。最终评估以安全的合同责任与义务、作业前准备报告、中期评估报告和在中期评估期间的改进措施为基础，全部资料都输入数据库中，并需各项目经理或协调人批准。

按照作业的类型和风险的大小，在上述 6 个步骤中，甲方需要介入的深度是不同的。项目经理或协调人有责任确定甲方需要介入的深度和文档管理的要求，以确保相关方安全地完成项目各个阶段的作业。

在投标时，为了竞标，相关方通常会做出很好的承诺。甲方参与相关方选择和作业指导的人员，必须慎重地考虑相关方保证作业安全完成所需要的表现及承诺的水准。

例如，涉及低风险作业的合同可能就不需要甲方高级别的介入和文件支持。但是，如果一个从事低风险作业的相关方以不安全的方式作业，甲方就必须增加介入的深度。甲方对从事中级和高级风险作业的相关方的介入深度比从事低级别风险作业的相关方要大得多。

3.3 相关方的选择

3.3.1 根据风险评估确定介入深度

甲方在招标前进行的风险评估，是评价要进行的某种特定作业的内在危险，以及事件对人、资产、环境和信誉等所产生的潜在的不利后果。这里所讲的风险评估并不代替具体作业前的风险评估。

招标前风险评估至少应当包括对以下因素的评估。

——作业性质；

——作业地点；

——作业场所危险暴露的潜在性；

——相关方作业期间他们的人员、其他相关方人员或甲方的人员发生危险暴露的潜在性；

——作业期限；

——潜在的后果。

相关方作业风险的相对级别通常应当影响介入相关方安全管理的深度。风险评估按其特点分为低、中、高三个级别。甲方需要介入的最低要求，是由作业的风险级别来规定的如表10-1所示。

基于作业的特点，相关方在现场的时间可能有的会短些（称非常驻相关方），而有的则长些（称常驻相关方）。对常驻相关方和非常驻相关方的介入深度和广度是不同的。

比如，一项在高空的维修作业可能只需一家非常驻相关方在两周内完成，这类作业可能只涉及较高的风险，因为它是在高空作业，需搭设脚手架和配备防坠落保护，相关方还有可能在生产区进行作业。尽管这种非常驻相关方在生产设施上作业的时间较短，但其风险级别还是要求达到对常驻相关方安全要求的级别。

另外，如果非常驻相关方从事的是低风险的作业，比如提供割草服务的相关方，就不需要像常驻相关方那样在从事低风险作业时进行全面的介入。非常驻相关方的危险暴露安全只发生在很短时间内，因此降低了风险级别。

小型相关方有可能不能够满足甲方的要求，比如，受伤或发病就使这些小型相关方被排除在甲方批准的相关方名单之外。小型相关方也可能没有足够的资源来开发和执行部分或全部安全系统。甲方的相关方负责人必须清楚这些可能性，并与这些小型相关方讨论如何去满足甲方安全的要求。

表 10-1   甲方介入深度表

步骤 \ 风险度	低风险	中风险	高风险
风险评估	需要	需要	需要
资格预审	自由决定	自由决定	需要
选择相关方	自由决定	自由决定	需要
开工前的准备	自由决定	需要	需要
作业过程管理	自由决定	需要	需要
评估与总结	需要	需要	需要

风险评估的目的是根据由相关方服务的时间、地点、服务性质、可能产生的影响、相关方的服务经验等因素来判断甲方管理层在各个步骤需要介入的深度。对于低风险的作业，是否需要做资格预审和其他步骤，可由管理层或负责该项工作的经理根据具体情况而定。其基本宗旨是保证相关方安全顺利地完成任务。

3.3.2 预审相关方资质

资格预审的目的是对相关方的能力、经验以及安全、正确、按时地完成作业的能力进行审查。

资格预审在相关方安全管理体系中是重要的步骤，用于筛选出有潜力的相关方，确认他们有必需的经验和安全环保地完成作业的能力。所有被资格预审的相关方都应当完全有能力管理作业中安全的各个方面。

甲方可能会利用资格预审的过程来建立一个投标者名单，按此名单发送投标邀请。投标者在这个过程中会提供安全能力方面的有关资料。如果这些资料在投标邀请前没要求提供，则将在投标邀请的过程中再进行收集，然后用于挑选成功的投标者。

如果以前的事故率较高，低风险作业可能会划归高风险作业，在这种情况下从事这类作业的相关方必须进行资格预审。对于高风险作业，相关方安全管理体系的资格预审必须在招标前进行。只有通过了相关方安全管理体系资格预审的相关方才能列入投标者名单，参加下阶段的投标工作。资格预审通常要求提供投标者的一些基本资料，比如作业证明、安全统计、法规的遵守、安全资料、数据等。

甲方不应假定投标者已经知道作业场所的危险。项目经理或协调人负责保证招标文件标明了安全的要求，把已认识到的危害转告给了投标者。

投标者对其安全计划独自负责，但文件中必须有明确的条款规定，甲方可对投标者进行安全审查以评估其是否遵守相关要求。

合同文件应当有这样的条款，就是在相关方不能遵守合同中写明的安全计划中的安全标准时，甲方有权利暂停其作业；尤其在动员阶段，不允许开工并冻结付款，直到其作业前审核达到满意的结果。但是，在任何作业暂停之前，甲方应该与相关方联系，让他们有机会来纠正其不合格项。

甲方应当保证动员阶段也完全地包含在安全计划中。在投标前的澄清会上必须把相关方安全管理系统要求的重要性传达给所有投标者。

甲方应当确定安全的要求以及与作业相关的风险，然后在招标文件和招标前会议上传达给投标者。

要求投标者对遵守适用的安全要求和执行标准的能力提供保障。

也要求投标者提供有关员工培训的适当资料，以此来判定他们是否具有足够的知识和外国技能来安全地完成所承包的作业。

3.3.3　审核相关方安全能力

项目经理或协调人不能把作业授予投标价格最低者而不考虑其安全的能力和表现。通过廉价所取得的短期的表面利益会被长期存在的副作用所抵消。

在评标过程中，项目经理或协调人、安全部门和合同采办部门应当召集开会，重点讨论投标者提交的安全程序和评价对已确定的所有危险提供的保证措施是否有效。已在资格预审过程评价过的地方也可能再次进行评价，并在所有投标者中进行比较。

甲方和投标者之间的澄清会。应当澄清和进一步评价投标者安全计划的适宜性以及甲方相关方管理和合营公司管理和其他相关方的安全程序产生的相互影响。一旦安全事项已经评价，并确定在作业中所占比重后，就要汇总到整体的标书评定文件，作为重要的授标条件之一。

可通过现场检查来保证相关方现场与计划的一致性。必要时可组织对相关方进行现场审核，检查组成员可包括项目管理、安全管理和其他专业的人员，从而使审核的结论可靠。

在授标合同中应包括安全部分。安全部分一般分为两类。

①　一般性安全要求，如相关方必须遵守国家和甲方的安全要求、必须持证上岗等，这类一般性安全要求可包含在标准合同文本中；

②　针对本次合同作业特点的安全要求，如脚手架的搭设、高空作业、接触有害化学物品等。

3.4 相关方监管

3.4.1 开工前准备

开工前的准备，其目的是保证在合同实施前，合同风险评估的相关内容及其他安全事项应传达到各有关方面并且被理解。

开工前的准备分两步：动员前准备和动员后准备。项目经理或协调人指导开工前的准备，使用"开工前准备检查表"来检查相关方对即将进行的作业中有关安全条款是否已准备好。

（1）动员前准备。

在动员前，有关的准备有班前会、检查、审查、现场检查指导和安全简报等。这些准备中讨论的主题是：作业计划；回顾所有潜在危险和安全事项；检查所需设备；工具和劳保用品是否准备好；是否作出了应急计划。由项目经理或协调人的部门代表实施检查，需要时在各个部门指定的专业人员协助下进行检查。

授标后作业开始前，各个项目经理或协调人应立即召集举行开工前会议，让相关方有机会熟悉甲方的作业地点、设施、人员及其他作业的情况。相关方方面，相关方及其分包商的主要人员必须参加这些会议。

开工前会议应包括以下议题。

——有关主要危害的回顾；

——确认要实施的安全计划，确认有关职责是否清楚和明确；

——确认作业人员的能力及有关培训；

——确认安全的业绩目标和目的；

——分发和解释甲方的安全政策、安全的基本规定和作业程序；

——确认安全活动的内容和计划，比如安全会议、审查、检查与回顾等，检查的次数应该预先协议好并做好记录；

——确认相关方应急程序的实用性；

——甲方和相关方应急计划的相互影响；

——简述有关分包商的安全要求；

——事故或事件的报告和调查程序；

——确认要进行工作安全分析（JSA）；

——确定机动设备在进场前的检查要求。

利用这些会议的机会，提出并澄清一些可能没包括在投标邀请和合同文件中的新的安全问题。

通过安全现场调查，让相关方熟悉作业环境、作业现场、设施、他们的安全规章制度以外及火灾、安全和紧急疏散区域。在作业前会议上确认的所有潜在危害和其他安全问题，在安全现场调查中必须传达下去。

（2）动员后准备。

动员期间安全计划必须传达到甲方和相关方的所有有关人员。在动员阶段的一些准备原则如下。

——当地开工前会议；

——相关方人员和设备的动员；

——相关方安全计划的最后确定；

——做动员审查。

动员过程中，项目经理或协调人和相关方应保证每项作业方式的建立都符合已批准的安全计划。相关方开始正式实施安全计划就从这一步开始。根据实际情况，可要求相关方增加管理人员来加快安全计划的建立和实施。

（3）安全培训。

所有参与作业的关键人员必须参加一个指导性的安全培训，向他们传达安全计划和其他包含在合同中的重要安全事项。进度会议可作为检查安全实施情况的正式方式，甲方人员的经常性巡查可作为配合。

相关方有责任对他们自己的员工进行培训，介绍所有与作业有关的安全事项和潜在危险。甲方将检查其培训是否完成及是否有文件记录。甲方会用一些方法来确认培训材料是否已被理解，比如笔试或口试、巡查证实、作业中的评估等。当证明员工的知识低于期望值时就需要进一步加强培训。甲方也可以提供一些培训，使相关方人员能更好地理解甲方在安全方面的具体要求和作业现场的特点，甲方不应将安全培训的责任完全推给相关方，指望靠相关方自己培训来完全达到甲方安全的要求是不现实的。

3.4.2 作业过程监管

作业过程的目标是要核实相关方的安全管理体系是否到位并得到执行和改善。甲方和相关方具有共同责任监控和评估正在进行的作业以及管理作业计划的变更。成功的监控和评估程序应包括：安全的表现报告、甲方和相关方进行的检查、事件报告、紧急事件演习和结果评估。

作业内容与范围的改变需要对增加的危害进行管理，尽管合同规定相关方有义务对自己所有活动的安全负责，但甲方在授予合同后，应保证相关方的管理人员对甲方的标准与惯例是熟悉的。同时期望双方共同努力对现场进行控制，甲方也必须承担监督相关方行为的责任。

（1）监管相关方表现。

有些人认为，一旦承包工作开始，他们对相关方的管理就只有较小责任甚至没有责任了。也有些人认为，对强制相关方遵守安全要求没有影响力。还有人认为，对相关方日常的安全作业是相关方自己的事，对相关方的安全表现了解得越少越好。这些观点都非常危险。尽管人们普遍认为，公司不应该承担管理工作的全部责任，但是，必须确保相关方遵守相关安全要求。

对相关方作业实施安全监管的基本要求如下。

——对现场相关方的工作定期进行现场巡查；

——通过双方的定期沟通，明确报告关系或通报机制；

——设定安全目标，持续改进；

——建立分析问题和实施整改行动的管理程序；

——对项目经理和其他与相关方作业相关的人进行有关相关方监管的培训；

——制定由于相关方安全表现不良而终止合同的原则；

——在合同完成时对相关方的表现进行全面的评估并通报有关人员。

（2）典型的监管手段。

甲方所能采取的监管手段，包括巡查、检查、考察、审核和培训指导。

作业场所非正式的安全检查，如日常巡查，无须文件记录。

正式的安全检查。对相关方进行定期检查并记录成文，以监测和评价其在安全方面的表现，对不合格项做出改进措施并加以实施。

相关方的人员应得到紧急演习的指导和培训，并要求参加这些演习。作业开始后，任何到作业现场的新员工须接受与作业现场作业行为有关的危害及特定工作安全要求的培训。

部门经理或项目经理或协调人安全考察。在动员或作业开始后7个工作日内，对此作业负有责任的部门经理或项目经理或协调人要对相关方所有的作业场所进行安全考察。考察内容包括：会见相关方和甲方的现场管理代表；会见所有现场人员并传达管理层期望的目标；审核活动。

除前面提到的安全考察外，各项目经理或协调人也应进行定期或定点的检查和审核，以确保所有安全的义务与责任是被遵守的。在相关方为负责管理的地方，甲方的角色应该是监督合同规定的体系和条款是否被遵守。除非甲方在作业现场常驻有甲方代表，否则各个部门经理和项目经理或协调人必须进行检查和考察，以确保所有安全的义务与责任是被遵守的。必要时可向项目安全主管寻求安全的建议，但合同规定安全的责任人是项目经理或协调人。

（3）能力保证。

在执行合同的过程中，项目经理或协调人必须监控相关方及其人员的持续胜任能力，也就是看是否进行了所许诺的有关培训。监控应包括对相关方遵守其安全管理体系进行查证，具体如下。

——密切监督相关方增加和替换的人员及其能力；

——相关方为增加和替换的人员提供必需的入门课程培训；

——相关方人员进行与作业有关的作业与程序培训；

——完成所有协议规定的安全培训，包括任何必需的法定培训；

——安全文件的实用性，指令和资料可印在小纸片上分发，以增强其生动性和视觉效果。

（4）检查、安全审查和中期评价。

检查和审查是监控相关方安全活动的方法。虽然相关方事实上已通过了资格预审并在作业前做了大量的准备工作，但如果作业中不加强对其监控和评估，就不能保证相关方安全地完成作业。因此在作业过程中必须强制进行定期的评估和检查。评估的频率取决于作业的性质、作业量的大小、涉及的风险或合同期的长短。

甲方和相关方都应进行检查和审核，对检查和审核中发现的任何问题，甲方和相关方都应积极分担责任，并利用这些发现来改进作业表现。相关方必须落实所有问题的整改措施。如果相关方疏忽了改进措施或不够重视，最终会导致否定的评估结果并可能被暂停或终止合同。任何否定的评估结果将影响相关方今后得到新合同的机会。

检查人员也可以使用相关方安全计划作为进行检查的工具。前面提到的检查表里提到的问题可用作分级的标准。每种表现的分级应在中期评估表中得到总结。

（5）相关方管理要求。

即使作业场所的设计是安全的，作业程序也尽可能地做到安全，这样员工就得到了充分的培训以及作业安全程序也得到了加强，但安全的进一步提高也是很必要的。这是因为预防事故也依靠人们对安全作业的需求，不是所有的潜在危险条件和不安全做法是其他人都能预测和控制的。所有有关人员应该用他们的主动权、常识和自觉来进行安全的作业。

相关方的管理人员或员工必须保证他们正在进行的作业不会危害到他们自己、其他人、其他相关方或者甲方。相关方应提供一个公开的交流政策，以使相关方人员能够与他们的管理层交流与安全有关的事情，而不用担心受到报复。

所有与相关方现场作业有关的不安全事件和事故应立即向项目经理或协调人报告并做好记录。随后，项目经理或协调人和相关方可能要共同进行调查。任何事故事件，即使小到像一般的简单医疗处理事件，都必须记录。对事故的进一步调查报告程序可从安全部门获取。

❹ 责任承担的不同形态

在安全生产责任追究上，决定责任大小的并不是已尽注意义务的程度，也不是过错的大小，而是损害的大小。一个主观上的蛮干行为和一个轻微的疏忽，如果导致的损害后果一样，则两种情况下责任人所实际承担的责任可能并无区别。如果损害是由两人或两个以上的人共同造成的，则可能导致责任的共担或分担。这种对责任的各种共担或分担形式即为责任的形态。责任形态主要有以下类型。

4.1 混合责任

对于造成的损害，如果加害人与受害人都存在过失，则构成混合过失，也称"与有过失"。在这种情况下，加害人可以根据其过错大小减轻责任，但是侵权行为适用无过错责任的除外。受害人的过错在原则上不导致加害人责任的减轻，但对于受害人重大过失，能够证明损害是因被侵权人故意或者重大过失造成的，加害者可以不承担或者减轻责任，但应以法律有明确规定为前提。

4.2 按份责任

两个或两个以上的各自独立的行为分别实施，没有共同的意思联络，但间接性地结合并导致同一损害后果的，应当根据各自过错大小或者导致损害的原因大小各自承担相应的责任。对于企业内部建立事故损失赔偿制度时，可以对多个责任人实行按份承担赔偿损失责任。

4.3　连带责任

基于共同的意思联络而共同实施的行为是共同行为，对共同行为导致的损害，所有人共同承担责任。

4.4　直接责任

如有明确的事实，某项行为直接造成了损失，行为人承担直接责任。

4.5　补充责任

补充责任的责任人一般不是加害人，但因其与损害存在的某种法定关联。管理人或者组织者未尽到安全保障义务的，承担相应的补充责任。生产安全事故中的领导责任除强令违章作业外，都属于补充责任。

⑤ 责任追究与免除

5.1 罪与非罪的边界

"构成犯罪的，依照刑法有关规定追究刑事责任"，《安全生产法》多处条文出现这样的内容。怎么确定行为是否构成犯罪，换言之，罪与非罪的边界在哪里？

5.1.1 犯罪行为

犯罪的本质是社会危害性，不具有社会危害性的行为，不应被认定为犯罪。我国《刑法》第 13 条规定解释了犯罪概念："一切危害国家主权、领土完整和安全，分裂国家、颠覆人民民主专政的政权和推翻社会主义制度，破坏社会秩序和经济秩序，侵犯国有财产或者劳动群众集体所有的财产，侵犯公民私人所有的财产，侵犯公民的人身权利、民主权利和其他权利，以及其他危害社会的行为，依照法律应当受刑罚处罚的，都是犯罪，但是情节显著轻微危害不大的，不认为是犯罪。"

安全生产事故，具有社会危害性，会导致财产损失和人身伤害，符合《刑法》中规定的"侵犯国有财产或者劳动群众集体所有的财产，侵犯公民私人所有的财产，侵犯公民的人身权利"。但并不是所有的具有社会危害性的行为都应当规定为犯罪。犯罪针对的是社会危害达到一定程度的行为，而不是所有具有社会危害性的行为。情节轻微的或不够刑罚标准的，会有警告、记过、记大过、降级、撤职、开除等行政处分，罚款、赔偿等经济处罚。只有当通过社会道德、行政规制、民事赔偿、经济处罚等手段不足以起到预防犯罪目的的情况下，才可以动用最为严厉的刑法手段。

5.1.2 非罪行为

一般情况下，下列行为在各国刑法上几乎均不认为是犯罪。

（1）排除社会危害性的行为。

刑法上，排除社会危害性的行为主要指正当防卫与紧急避险，也包括履行职责的行为，但一般不包括自助行为和受害人同意的行为。排除社会危害性的行为虽然造成了现实损害，但行为人实施这样的行为存在正当理由，从而阻却犯罪的认定。

（2）法律没有明文规定的行为。

法律没有明文规定属于犯罪的行为，无论是否有社会危害，也无论造成什么样的后果，均不得认定为犯罪行为。这一原则被称为罪刑法定原则。罪刑法定简而言之就是：法无名文规定不为罪。我国《刑法》第3条规定解释了"罪刑法定原则"，即法律明文规定为犯罪行为的，依照法律定罪处刑；法律没有明文规定为犯罪行为的，不得定罪处刑。

一般情况下，罪刑法定原则禁止刑法溯及既往。对于行为的定罪量刑，只能以行为当时有效的法律为依据，行为后颁行的新法没有溯及既往的效力。

（3）本人无法控制的行为。

安全生产犯罪针对的是人的"恶意"，有意违章明知故犯的故意，或盲目乐观疏忽大意过失，而不是单纯的行为。如果损害是在本人不能预防并且无法控制的情况下导致的，这样的行为因其本人的不自主不应归咎于本人，对本人进行处罚便不具有正当性。同时，即使给予处罚也达不到教育和预防的目的，因本人不能预防且无法控制的行为不认定为犯罪。

（4）不可能产生实际损害的行为。

有些行为，尽管行为人存在明显的主观上的不良意图，甚至有明确的目标追求，但该行为事实上永远不可能造成财产损失和人身伤害，因而不应认定为犯罪。

5.1.3 职责是归责的关键

职责是除了后果之外，确定罪与非罪的重要标准。比如容易混淆的重大责任事故罪与重大劳动安全事故罪的区别，就在于犯罪主体的责任不同。

重大责任事故罪，是指在生产、作业中违反有关安全管理的规定，因此发生重大伤亡事故或者造成其他严重后果的行为。

重大劳动安全事故罪，是指企业、事业单位的安全生产设施或安全生产条件不符合国家规定，因而发生重大伤亡事故或造成其他严重后果的行为。

（1）相同点。

① 都有重大事故的发生，并且行为人对重大事故的发生都是一种过失的心理态度。

② 造成后果相同：两罪都是生产作业中发生重大伤亡事故或者造成其他严重后果。

③ 都是根据《刑法》对重大伤亡事故或者造成其他严重后果行为人进行的刑事处罚。

（2）区别。

重大责任事故罪的主体是企业、事业单位的职工，包括直接从事生产的工人和生产的直接指挥者或管理者。该罪名的犯罪主体，是在生产作业中负有遵守安全管理规定的责任，却未履职到位，因而发生重大伤亡事故或者造成其他严重后果的行为人。犯罪主体较重大劳动安全事故罪范围要广，包括工厂、矿山、林场、建筑企业或者其他企业、事业单位中的一般职工和在生产、作业中直接从事领导、指挥的人员。

重大劳动安全事故罪的犯罪主体，必须职责中有一项是保证安全生产设施或安全生产条件符合国家规定。犯罪主体是工厂、矿山、林场、建筑企业或者其他企业、事业单位负责主管与直接管理劳动安全设施的人员，一般不包括普通岗位员工。

5.1.4　安全员是否担刑责的辨析

近年在事故追责的判例中，有些案件安全员被判处了刑期，而还有些案件安全员则没有出现在判刑人员名单中。这不能一概归结为不同法官在判刑时使用自由裁量权的原因，而应该看到，安全员所担负的职责和是否履行了职责关键因素。

安全员所承担的法定职责，除了安全法律做出具体限定的条文外，还包括法律的概括性表述，也就是说，生产经营单位给安全员确定的职责只要符合法律精神都可以作为法定职责。

安全员是否有隐患的检查、施工作业的旁站监督等，各生产经营单位制度规定中大不相同。如果规定查找隐患是安全员的责任，那一单现场工器具设备引起的事故，安全员就必须承担责任。如果规定安全员必须旁站监督，一旦出现事故安全员都难辞其咎。

欧美企业及在华外企普遍开展全员危害辨识，把检查设备查找隐患作为设备使用者的责任；实行全员风险管理，生产作业人员及监护人员要对现场安全负责。很多生产经营单位三班倒、还不止一个作业点，安全员分身乏术，不可能 24 小时守着现场。作为幕僚的安全员，不能代替直线人员承担责任。

各生产经营单位应该从安全员岗位开始，不限于安全员岗位，认真对岗位职责进行梳理，保证科学合理，让能够履行职责的人担负起相应的责任。

5.2 归责

责任的认定和归结简称"归责"。安全生产责任的认定和归结，分为法律责任的归责和企业内部管理的归责。

法律责任的归责，是对因违法行为、违约行为或法律规定而引起的法律责任，进行判断、认定、归结以及减缓和免除等活动。法律责任的认定和归结是由国家特设或授权的专门机关依照法定程序进行的。民事法律责任和刑事法律责任的认定和归结权属于人民法院；行政法律责任的认定和归结权属于有特定职权的国家行政机关；违宪责任的认定和归结权属于全国人民代表大会及其常务委员会。

企业内部管理的归责，是基于全员安全生产责任制等制度程序的规定，对违反规定进行的判定。企业安全生产的归责活动，必须按照一定的程序进行。

当特定的违法违规行为发生后，责任的存在就是客观的，专门国家机关只是通过法律程序把客观存在的责任权威性地归结于有责主体。

认定和归结法律责任必须遵循一定的原则，这些原则可以为企业内部安全管理归责时参考。归责原则在不同历史时期、不同国家存在较大差别，根据我国现行法律的规定，适用法律来认定和归结法律责任应遵循以下一些基本原则。

5.2.1 因果联系原则

在认定行为人责任之前，应当首先确认行为与危害或损害结果之间的因果联系，即引起与被引起的关系，这是认定责任的重要事实依据。

具体包括：责任人的某一行为是否引起了特定的物质性或非物质性损害或危害结果，这种因果联系是必然的还是偶然的，直接的还是间接的。责任人的意志、心理、思想等主观因素与外部行为之间的因果联系，即导致损害结果或危害结果出现的行为是否由责任人内心主观意志支配外部客观行为的结果，有时这也是区分有责任与无责任的重要因素。

5.2.2　有责必究原则

有责必究原则是指对于违法行为必须依法追究违法者的法律责任，而不能让违法者逍遥法外。法律主要是通过规定、落实违法者的法律责任来达到调整社会关系的目的，如果有关国家机关不能有效地行使追究违法者法律责任的职责，那就等于允许甚至鼓励人们从违法行为中获利，那么法的有效性、强制性以及法律惩恶扬善的功能就根本无从体现。

有责必究原则，在公法领域与私法领域是不同的。在公法领域要求有关国家机关负有追究违法者法律责任的职责，在私法领域的民事责任追究主要依靠当事人的积极主张。安全生产的责任触及人民生命健康，超出了司法领域的范畴，无论是有关国家机关还是企业的管理层都应该本着以人为本的态度对违法或过错行为进行追究。

5.2.3　责任法定原则

责任法定原则是法治原则在归责问题上的具体运用，它的基本要求为：作为一种否定性的法律后果，法律责任应当由法律规范预先规定；违法行为或违约行为发生后，应当按照事先规定的性质、范围、程度、期限、方式追究违法者、违约者或相关人的责任。

责任法定原则是指法律责任应当由法律事先予以规定，只能根据法律规定的法律责任的种类和方式等来追究违法者法律的责任。

（1）行为种类法定。

法律规定了哪些行为是违法的？规定哪些违法行为应该承担法律责任？应该承担什么样的法律责任？有权机关要严格按照法律规定的违法行为种类、须承担怎样的法律责任等要求来追究违法者的法律责任。如果法律没有规定要求为某种行为承担法律责任，就不能追究行为人的法律责任。

（2）行为方式法定。

严格按照法律规定的承担法律责任的行为方式追究违法者的法律责任，如果法律没有规定某一违法行为需要用某一方式来承担法律责任，就不能要求行为人用这一方式承担法律责任。法律规定承担行政处罚的责任方式有七种：警告；罚款；没收违法所得、没收非法财物；责令停产停业；暂扣或者吊销许可证、暂扣或者吊销执照；行政拘留；法律、行政法规规定的其他行政处罚。行政机关就不能超出这七种方式要求违法者承担责任。

应当坚持"法无明文规定不处罚"，排除无法律依据的责任，即责任擅断和"非法责罚"。任何认定和归结责任的主体都有权拒绝承担法律规定以外的责任。在一般情况下要排除对行为人有害的既往追溯，不能以事后的法律追究在先行为的责任或加重责任。责任法定一般允许法院运用判例和司法解释等方法，行使自由裁量权，准确认定和归结行为人的法律责任。

5.2.4　责任相称原则

法律责任的轻重和种类应当与违法行为的危害或者损害相适应。

责任相称原则，即责任与处罚相当原则，其基本含义为法律责任及其制裁的轻重应与违法行为的轻重相适应，例如我国刑法就明确规定了罪责一致原则。

责任相称原则意味着我们不能简单地奉行道德理想主义，认为只要是违法行为或道德上的过错行为，就无论怎样处罚都不过分。在现代社会，我们必须根据法治的精神和公正的原则对待违法行为与法律责任的关系，做到违法行为与法律责任相适应。

责任与处罚相当原则是实现法律目的的需要，通过惩罚违法行为人和违约行为人，发挥法律责任的积极功能，教育违法、违约者和其他社会成员，从而有利于预防违法行为、违约行为的发生。

5.2.5　责任自负原则

责任自负是指除了法律有特殊规定外，只能由违法者自己为自己的行为承担法律责任。而不能由他人代替违法者承担法律责任，也不应让违法者来为他人的违法行为承担责任。反对株连或变相株连，要保证责任人受到法律追究，也要保证无责任者不受法律追究，做到不枉不纵。

当然，责任自负原则也不是绝对的，在某些特殊情况下，为了社会利益保护的需要，会产生责任的转移承担问题，如监护人对被监护人、担保人对被担保人承担替代责任。

5.3　追责

安全责任追究是指在生产施工作业等过程中，由于工作失误或错误，未履行应有职责或未正确履行职责，而造成不良影响或后果时，依据党纪、政纪、法律、制度或者道义追究相应责任的工作。

有权就有责，责任追究不仅是安全管理的工作内容，而且是非常普遍的社会现象。《行政监察法》和《公务员法》等对责任追究都有明确的规定。针对安全管理，《安全生产法》对责任追究也有明确的规定。此外，《生产安全事故报告和调查处理条例》以及《国务院关于特大安全事故行政责任追究的规定》等，对责任追究也都有或多或少的表述。

5.3.1　责任追究的目标和原则

责任追究的目标不仅是追究责任，更是想通过责任追究形成对领导干部和工作人员的负向激励，预防他们出现不应有的失误或错误，以真正提高安全管理能力和水平。责任追究总是与特定的权力使用或职责履行相对应的，是为了规范和制约权力的运用和职责的完成。与这一目标相对应，责任追究也总是包含确责、履责和问责的系统性过程。

责任追究应当遵循如下原则。

（1）公正原则。

公正包括分配的公正和矫正的公正、实质公正和形式公正。在追究法律责任方面：对任何违法、违约的行为都应依法追究相应的责任。这是矫正的公正的要求。责任与违法或损害相均衡。即要求法律责任的性质、种类、轻重要与违法行为、违约行为以及对他人造成的损害相适应，否则，不仅不能起到恢复法律秩序和社会公正的目的，反而容易造成新的不公正。公正要求综合考虑使行为人承担责任的多种因素，做到合理地区别对待。公正要求在追究法律责任时依据法律程序追究法律责任，非依法律程序不得追究法律责任。坚持公民在法律面前一律平等，对任何公民的违法犯罪行为，都必须同样地追究法律责任，不允许有不受法律约束或凌驾于法律之上的特殊公民，任何超出法律之外的差别对待都是不公正的。

坚持客观公正定责。责任追究的前提是担负一定职务或岗位人员所拥有的权力。有多大的权力，就必须在多大程度上承担权力行使所造成的后果，也必须完成其权力所规定的职责。责任追究总是针对一定的权力而言的。责任追究必须建立在事实的基础上，必须坚持实事求是的原则，不能因为严格要求而把责任追究建立在猜测、想象、莫须有或自由心证之上。

（2）程序原则。

实施民主监督的一个最起码的必要条件就是让公众知情，让公众知情的前提是事情的全部经过必须公开透明。同时，追究责任的目的并非单纯的惩罚犯错误者，更多的是警示其他人，追究责任过程不公开透明就无法实现这一目的。

根据失误或错误的程度，或者未履行或未正确履行职责的程度，责任人需要承担的责任不尽相同，需要分级追究。最严重的是承担违法犯罪责任，其次是承担党纪、政纪责任，最次是承担道义层面的责任。不同层级的责任不能相互替代，也不能混同追究。

（3）效益原则。

效益原则是指在追究行为人法律责任时，应当进行成本收益分析，讲求法律责任的效益。为了有效遏制违法和犯罪行为，必要时应当依法加重行为人的法律责任，提高其违法、犯罪的成本，以使其感到违法、犯罪代价沉重，风险极大，从而不敢以身试法或有所收敛。法律的经济分析是研究、确定某些法律责任的一个比较有用的理论工具。如果不能在较短时间内在查处发现违法行为方面有比较大的改善，即在查处发现可能性不变的情况下，有必要加重单位处罚数额，以保证法律责任有足够的威慑力度，从而实现惩罚违法，挽回损失，威慑、预防违法的功能。

（4）合理原则。

合理原则要求，只有在对某人追究责任时能够使他了解法律的要求，并因此根据法律相应调整其行为的时候，才是合理的；如果对其归责仅仅让他感到法律的惩罚，而不去想以后的依法行事，这种追责也是不尽合理的。

责任追究的目的不是简单的惩罚，而是预防出现不应有的失误或错误，因此，责任追究不仅包括事后惩罚，也包括事前教育。要让各岗位人员明确认识到责任追究的范围和内容、严肃性和有序性，再辅以严密、完整的责任追究过程，这样才能够真正达到责任追究的最终目的。

5.3.2 责任追究的工作内容

责任追究的工作内容包括：责任追究的内容、范围和对象、主体。责任追究工作要确定责任追究的内容、主体、范围和对象，这些要素在一定程度上与不安全事件的类型、等级和特点相关，也要遵循相关的法律法规、行业标准以及规章制度等。责任追究的情形、方式及适用。责任追究后的重新上岗程序，做到责任追究后被追究责任人员的重新上岗、晋升程序的制度化、规范化、透明化。

5.3.3 责任追究的程序

（1）启动。

责任追究主体根据事故事件报告，安全检查、日常巡查或工作目标考核中发现的问题，领导的指示和批示，上级的通报，有关部门和人员提出的意见，岗位人员和相关方的检举报告，新闻媒体的报道，职工代表提出的议案、提案和建议、批评、意见，通过其他渠道发现的应该追究责任的情形，由责任追究部门进行初步核实，视需要按程序启动责任追究程序。

（2）调查。

责任追究程序启动后，事实基本清楚，责任追究主体组成相关部门人员参加的责任追究调查组，对事实进行调查核实，并形成事故调查报告等资料，作为责任追究的依据。

（3）决定。

实施责任追究的单位或部门接到调查报告后，在规定时间内，由领导班子集体研究，做出追究责任或不予追究责任的决定，并决定责任追究的方式。

（4）申诉。

被追究责任的对象对责任追究决定不服的，可自收到决定书之日起，在规定时间内，向做出责任追究决定的机关和部门或其上级机关及部门提出申诉。

（5）复议、复查。

责任追究主体收到被追究责任人的申诉后，应及时进行复议、复查，在规定时间内做出决定。申诉、复查期间，原责任追究决定不停止执行。

5.4 免责

免责是指行为人实施了违法行为，应当承担法律责任，但由于法律的特别规定，可以部分或全部免除其法律责任，即不实际承担法律责任。

5.4.1 免责的政策依据

中央关于安全生产改革意见规定，"严格责任追究制度。实行党政领导干部任期安全生产责任制，日常工作依责尽职、发生事故依责追究。依法依规制定各有关部门安全生产责任和权力清单，尽职照单免责、失职照单问责。建立企业生产经营全过程安全责任追溯制度。严肃查处安全生产领域项目审批、行政许可、监管执法中的失职渎职和权钱交易等腐败行为。严格事故直报制度，对瞒报、谎报、漏报、迟报事故的单位和个人依法依规追责。对被追究刑事责任的生产经营者依法实施相应的职业禁入，对事故发生负有重大责任的社会服务机构和人员依法严肃追究法律责任，并依法实施相应的行业禁入。"

5.4.2 免责的条件和方式

（1）有效履职免责。

严格履行安全生产的法定职责，并能提供充分证据表明尽到责任，可以免予追责。

（2）有效补救免责。

即对于那些实施违法行为，造成一定损害，但在有权机关归责之前采取及时补救措施的人，免除其部分或全部责任。

（3）自助免责。

自助免责是对自助行为所引起的法律责任的减轻或免除。所谓自助行为是指权利人为保护自己的权利，在情势紧迫而又不能及时请求上级予以救助的情况下，对企业或他人的财产采取的相应措施，而为法律或公共道德所认可的行为。

（4）人道主义免责。

在行为人没有能力履行责任或全部责任的情况下，有权机关可以出于人道主义考虑，免除或部分免除有责主体的安全责任。

5.4.3　不可抗力损害后果的免责

不可抗力虽然是法定的免责事由，但并非发生不可抗力的事件造成损害后果就可以免除责任。

（1）不可抗力免责需要具备以下条件。

① 发生了不可抗力事件，必须在一定的期限内提供有关证明为据。当事人对于意外事故的发生、发展及其后果完全没有主观的过失，是免责的前提条件，应在合理的时间内，由当事人主动提供充分证据，或事故事件调查组调查认定结论。

② 履行了保护义务。构成不可抗力免责的条件，必须是遭受不可抗力影响的一方履行了"采取补救措施"的程序和义务。只有这样，不可抗力及其免责才能认定，否则，即使确实发生不可抗力事件，若当事人没有履行保护义务，那么当事人就不能依此免除其安全责任。

（2）相关方之间不可抗力损失后果的责任承担。

① 不可抗力引起的后果及造成的损失，由合同当事人按照法律规

定及合同约定各自承担。不可抗力发生前已完成的工程应当按照合同约定进行计量支付。

② 不可抗力导致的人员伤亡、财产损失、费用增加和（或）工期延误等后果，由合同当事人按以下原则承担。

——永久工程、已运至施工现场的材料和工程设备的损坏，以及因工程损坏造成的第三方人员伤亡和财产损失由发包人承担；

——承包人施工设备的损坏由承包人承担；

——发包人和承包人承担各自人员伤亡和财产的损失；

——因不可抗力影响承包人履行合同约定的义务，已经引起或将引起工期延误的，应当顺延工期，由此导致承包人停工的费用损失由发包人和承包人合理分担，停工期间必须支付的工人工资由发包人承担；

——因不可抗力引起或将引起工期延误，发包人要求赶工的，由此增加的赶工费用由发包人承担；

——承包人在停工期间按照发包人要求照管、清理和修复工程的费用由发包人承担。

不可抗力发生后，合同当事人均应采取措施尽量避免和减少损失的扩大，任何一方当事人没有采取有效措施导致损失扩大的，应对扩大的损失承担责任。

因合同一方迟延履行合同义务，在迟延履行期间遭遇不可抗力的，不免除其违约责任。

11

安全文化激发责任感

① 责任实现的内在机制：责任感

1.1 责任感的内涵

责任感是指个人自觉主动地做好分内分外一切有益于团队的事情的精神状态。一个人只有具备责任感，才能感到许许多多有意义的事需要自己去做，才能感受到自我存在的价值和意义，才能真正得到人们的信赖和尊重。

责任感属于道德范畴，是个体所拥有的一种品质，是个体在团队活动和个人发展过程中所要履行和承担的责任意识，是对自身行为是否符合道德要求的一种精神感知。团队中个体拥有了责任感，才会用自己所持有的道德评价来衡量自身道德责任的履行情况。当团队中个体的行为满足道德要求时，其会产生愉悦的心情感受；反之，则会产生消极的和失意的歉疚情绪。

从人的本质视角来看，责任感反映的是人的价值问题，是个人与团队的关系问题。人生的价值是在人承担各种团队责任中实现的。一个人越是深刻地认识到团队对自己客观要求以及自己在满足这些需求中的作用，就越有某种责任感，并表现出相应的责任行为，也就越能充分实现自我价值，并且体现出更大的社会价值。

从心理学视角来看，责任感是个人对自己在承担团队和自身发展的责任中做出的行为选择、行为过程以及后果是否符合内心需要而产生的情感体验。

1.2 责任感的功能

1.2.1 导向功能

责任感通过启发人们对自身责任的认知，明确自身对他人、家庭、团队的重要性，使人们在责任感的导向关心他人的幸福，从而使人的思想朝着团队发展要求的方向发展。

1.2.2 约束和规范功能

责任感是人与世界联系的一种方式，责任感会对人的心理和行为产生约束和规范，使人懂得如何处理人与自然、人与团队、人与人之间的关系。因此，约束和规范功能在责任感的功能中占据着重要的地位。

1.2.3 激励功能

责任感的激励功能体现为责任感可以把人们的能动性激发出来。具体而言，责任感通过榜样激励、情感激励、意志激励等各种手段和方法，使人们形成一种自觉的、能动的精神状态，并在实践活动中显示出来，向着共同的目标而努力。

1.2.4 人格塑造功能

责任感的重要功能之一就是能够重塑团队成员的主体人格，即责任感能够有效地引导团队成员明确自身作为责任主体的地位和价值，明确自身对于团队所必须承担的责任，从而促使人们正确地认识自我与环境之间的关系，提高自身适应环境、改造环境回报环境的综合能力。

1.3 责任感的分类

一定的责任感总是在一定的责任认识的基础上形成的，是主体在理解一定条件下自身角色和团队要求的基础上，把握自身行为及其后果，使之符合团队要求的观念、情感和意愿。它对人们的责任行为具有重要的激发、鼓舞和评价的功能，在个体责任行为中发挥着举足轻重的作用。我们研究责任的主要目的就是使个体能够成为高度责任自律的人。而要达到这个目的，就必须对责任感做深入的分析。

责任感是对理性规律的尊重而产生的行为必要性，是不同于爱好的特殊的情感，具体来说，是人们对责任内容的自觉意识和体验，或者说是责任主体对责任对象需要的自觉意识和体验。所以，有了责任感，就能主动担负起对他人和团队的责任。责任感有一个发生发展的过程，这一过程主要有两个阶段：他律性质的责任感和自律性质的责任感。

1.3.1 他律性质的责任感

他律性质责任感有如下几个显著的特征。

① 他律性质责任感认为责任本质上是受外界支配的，任何服从于规则或成人的行为都是好的，而无论成人命令的具体内容是什么，规则绝不是由内心精心制作、判断或解释的某种东西，它本身是给定的，现成的或外在于心灵的。所以，"好"就被严格地定义为服从。

② 他律性质责任感要求尊重规则的词句，而不是它的精神。

③ 他律性质责任感评价行为不是根据激起行为的动机，而是根据行为是否严格地符合现有的规则。在现实生活中，某些人在有人的场合表现出一定的责任感，但在无人的场合，其责任感可能就会丧失殆尽了，这正是他律性质责任感被动性的鲜明体现。可见，他律性质的责任感不仅出现在儿童和原始人的行为动机中，而且也常常出现在现代成人的行为动机中。尽管如此，这种他律性质的责任感仍然是责任感发展过程中的一种初级阶段。

1.3.2　自律性质的责任感

高级阶段的责任感是自律性质的责任感。这种责任感的特征是主动性，也就是主体的自觉自愿，而不是矛盾心理。具有自律性质责任感的责任主体，其行为不是受权威支配或规范强迫，而完全是出于"内心法则"。因此，主体能够完全支配自己的行为，自己就是自己的主人，自己就是自己的上帝，这也就是康德所说的"意志自律"。由此可见，只有自律性质的责任感才是完整意义上的责任感，才是责任感的真正内涵。只有自律责任感才体现责任本质上的意志自由。正是在这个意义上，高度的责任感，是实现责任的精神支柱，是人的一切创造性劳动和高尚行为的内在动力。责任感不但是个人生存和团队发展的必要条件，也是维系个人与个人之间、个人与团队之间关系的最基本的感情纽带。

❷　责任感的培养与安全文化建设

　　研究责任问题的目的之一就在于培养和增强人们的责任感。努力增强人们的责任感，是当前安全文化建设的一个重要课题。"不伤害自己、不伤害他人、不被他人伤害、保护他人不受伤害、不让他人伤害他自己"的"五不伤害"，就是人们在日常工作中所应担当的责任的具体体现。培养人们的责任感，就是培养践行这些基本道德规范的责任感。

　　迄今为止，核安全是现代文明中对人类构成的最大威胁。国际原子能机构及核工业的安全管理和安全文化，为各类型企业树立了可以学习借鉴的榜样，本节重点阐述核工业安全文化理论和实践，帮助各类型生产经营单位厘清安全文化和责任感的关系。

2.1　安全文化概念诞生起就强调责任心

　　国际原子能机构（IAEA）1986年出版的《切尔诺贝利事故后审评会的总结报告》中首次引出了"安全文化"（Safety Culture）一词，并在1988年出版的安全丛书 No.75-INSAG-3《核电厂基本安全原则》中得到进一步阐述。

　　国际原子能机构国际核安全咨询组编的《安全文化》在阐述安全文化定义和特征时，多处提到责任和主动性。

　　国际核安全咨询组提出安全文化建设的目的，是建立一种超出一切之上的观念，即核电厂安全问题由于它的重要性要保证得到应有的重视。

　　国际核安全咨询组是这样叙述的，安全文化指的是"从事任何与核电厂核安全相关活动的全体工作人员的献身精神和责任心"。其进一步的解释就是概括成一句关键的话，一个完全充满"安全第一的思想"，这种思想意味着"内在的探索态度、谦虚谨慎、精益求精，以及鼓励核安全事务方面的个人责任心和整体自我完善"。

工作人员的献身精神、安全思想和内在的探索态度等特性都是无形的，能够对安全文化的作用做出评价却是很重要的。国际核安全咨询组已在着手解决这个问题，他们首先从这样的认识开始，即无形的特性会自然地导出有形的表现，而这些表现就可以成为衡量安全文化作用的指标。

良好的工作方法本身虽是安全文化的一个重要组成部分，但若仅仅机械地执行是不够的，除了严格地执行良好的工作方法以外，还要求我们的工作人员具有高度的警惕性、实时的见解、丰富的知识、准确无误的判断能力和强烈的责任感来正确地履行所有安全重要职责。

下面将要介绍的是有关的良好的工作方法，对不大好衡量的个人必须具有的态度提出了一些看法，并且明确了可考虑用作衡量安全文化作用的特性。

2.2 责任制是安全文化的基础

各级组织和个人在各类活动中，对安全的重视体现在以下方面。

——个人认识，即每个人对安全重要性的认识；

——知识和能力，通过对工作人员的培训、教育以及他们自学而获得；

——承诺，要求高级管理阶层用行动体现把安全置于绝对优先地位，并且要求安全的共同目标被每个人所接受；

——积极性，通过引导、建立目标、奖惩制度，以及人们自发的态度而产生；

——监督，包括对工作的监察和审查并对人们的探索态度及时响应；

——责任制，通过正式的委派、明确的分工使每个人对各自的责任清楚了解。

2.2.1 安全文化有两大组成部分

① 单位内部的必要体制和管理部门的逐级责任制；

② 各级人员响应上述体制并从中得益所持的态度[①]。

杜邦企业安全文化建设过程可以使用员工安全行为模型描述四个不同阶段：自然本现状能性反映阶段、依赖严格的监督、独立自主管理、互助团队管理。

2.2.2 定义

① 安全文化有广义和狭义之分。狭义的安全文化是指企业安全文化，一个单位的安全文化是个人和集体的价值观、态度、能力和行为方式的综合产物。

② 安全文化分为三个层次：直观的表层文化，如企业的安全文明生产环境与秩序；企业安全管理体制的中层文化，包括企业内部的组织机构、管理网络、部门分工和安全生产法规与制度建设；安全意识形态的深层文化。

③ 企业安全文化是企业安全物质因素和安全精神因素的总和。

④ 《企业安全文化建设导则》给出了企业安全文化的定义：被企业组织的员工群体所共享的安全价值观、态度、道德和行为规范的统一体。

---

① 国际原子能机构、国际核安全咨询组编：《安全文化》，李维音、徐文兵译，北京，原子能出版社，1992.08：2-6。

2.2.3 内涵

① 一个单位的安全文化是企业在长期安全生产和经营活动中逐步培育形成的、具有本企业特点、为全体员工认可遵循并不断创新的观念、行为、环境、物态条件的总和。

② 企业安全文化包括保护员工在从事生产经营活动中的身心安全与健康，既包括无损、无害、不伤、不亡的物质条件和作业环境，也包括员工对安全的意识、信念、价值观、经营思想、道德规范、企业安全激励进取精神等安全的精神因素。

③ 企业安全文化是"以人为本"多层次的复合体，由安全物质文化、安全行为文化、安全制度文化、安全精神文化组成。企业文化是"以人为本"提倡对人的"爱"与"护"，以"灵性管理"为中心，以员工安全文化素质为基础所形成的。

④ 安全文化教育，从法制、制度上保障员工受教育的权利，不断创造和保证提高员工安全技能和安全文化素质的机会。

2.2.4 功能

（1）导向功能。

企业安全文化所提出的价值观为企业的安全管理决策活动提供了为企业大多数职工所认同的价值取向，它们能将价值观"内化"为个人的价值观，将企业目标"内化"为自己的行为目标，使个体的目标、价值观、理想与企业的目标、价值观、理想有了高度一致性和同一性。

（2）凝聚功能。

当企业安全文化所提出的价值观被企业职工内化为个体的价值观和目标后就会产生一种积极而强大的群体意识，将每个职工紧密地联系在一起。这样就形成了一种强大的凝聚力和向心力。

（3）激励功能。

用企业的宏观理想和目标激励职工奋发向上；为职工个体指明了成功的标准与标志，使其有了具体的奋斗目标。

（4）辐射和同化功能。

企业安全文化一旦在一定的群体中形成，便会对周围群体产生强大的影响作用，迅速向周边辐射。而且，企业安全文化还会保持一个企业稳定的、独特的风格和活力，同化一批又一批新来者，使他们接受这种文化并继续保持与传播，使企业安全文化的生命力得以持久。

2.3 责任根基构筑卓越安全文化

世界核电运营者协会（WANO）2006年1月发布导则《卓越核安全文化的八大原则》，针对员工、领导和组织三个方面提出要求。也就是说，这三个层级是我们建设各类企业安全文化的关注点。同时，还提出了八大原则，最主要的原则有如下几点。

2.3.1 核安全人人有责原则

明确界定核安全的责任与权利，并让全体人员清楚自己的责任和权利。落实与核安全责任相关的汇报关系、岗位权限、人员配备和资金保障。公司政策中强调核安全高于一切。其特征为以下具体内容。

① 规定从董事会成员到每个员工的核安全责任及权限，以书面形式对每个岗位的任务、职责和权限做出规定，并为在岗人员所理解。

② 非生产直接相关的部门（如人资、劳务、商务、财务、规划部门）也应明白它们在核安全管理中的作用。

③ 员工及其专业能力、价值观和经验应被视为核电组织最宝贵的资源。人员配备水平应与维持核电站安全可靠运行的需求相一致。

④ 董事会成员和公司管理人员采取措施定期强化核安全，包括现场巡视，以便直接评估核安全管理的有效性。

⑤ 从总经理开始的指挥管理体系是核电组织首要的信息渠道和唯一的指挥渠道。来自指挥体系之外的建议（*如监督组织和委员会、审核委员会、外部顾问等帮助进行有效自我评估的机构*）不能淡化或削弱指挥体系的权利和责任。

⑥ 所有员工应认识到遵守核安全标准的重要性。各级组织对未能达到标准的领域负相应的责任。

⑦ 电网公司、运营公司和业主之间的关系不得模糊或削弱核安全责任的界限。

⑧ 奖惩制度不但要与核安全政策保持一致，还应强化期望的行为和结果。

2.3.2 领导做安全的表率原则

高层领导和高级管理者是核安全的主要倡导者，应重视言传身教，要经常不断地、始终如一地宣传贯彻"核安全第一"的理念，偶尔将其作为单独的主题进行宣传。核电组织的所有领导都要树立安全榜样。其特征为具体如下内容。

① 经理和主管执行可见的领导力，通过现场关注问题，教授、指导和强化标准，及时纠正偏离电站期望值的行为。

② 管理层在理解和分析问题时要考虑员工的观点。

③ 经理和主管应适当监督与安全密切相关的试验和活动。

④ 经理和主管参与高质量的培训，始终如一地强化员工行为。

⑤ 管理层应认识到，如果沟通不当，生产目标可能会对核安全重要性发出误导信息。他们要敏锐地察觉和避免这样的误解。

⑥ 把重要运行决策的依据、预期后果、潜在问题、应急预案以及终止条件及时传达给员工。

⑦ 鼓励企业内有较大影响力的资深员工在安全方面做出表率，并影响同事达到同样的高标准。

⑧ 选择和评价经理和主管时，要考察他们强有力的核安全文化的能力。

2.3.3　信任充满整个组织原则

在组织内建立高度的信任，并通过及时准确的沟通来培育这种信任。有关提出和处理问题的信息流转应畅通无阻。对员工提出的问题采取措施后要告知员工。其特征为具体如下内容。

① 尊重员工的人格和尊严。

② 员工可以提出核安全方面的问题，不必害怕惩罚，相信所提的问题会得到解决。

③ 期望和鼓励员工提出新思路来帮助解决问题。

④ 欢迎和尊重不同的意见，必要时用公平和客观的方法来解决冲突及调和相悖的专业观点。

⑤ 主管善于以坦诚开放的方式应对员工的问题，这是一个管理团队的重要组成部分，这对于将安全文化转化为实际行动是至关重要的。

⑥ 预见和管理即将发生的变化（资产出售、并购、财务重组等带来的变化），确保维持组织内部的信任。

⑦ 针对高级管理层的激励机制侧重于实现核电站长期性能和安全。

⑧ 向监督、审查和监管机构提供的信息完整、准确和坦诚。

⑨ 作为建立信任和强化良好安全文化的一种方式，管理人员应定期与员工沟通重要决策及其决策的依据，并定期了解员工的理解程度。

❸ 自律他律，文化氛围熔铸安全责任

安全文化的结构，在理论界有很多的分法。一种观点认为，安全文化包括观念文化、心态文化、制度文化、行为文化、物态文化。另一种观点认为，安全文化由安全物质文化、安全制度文化、安全价值规范文化和安全精神文化构成。还有些学者把企业内员工共享的安全认知作为安全氛围，从安全文化中分离出来，并在实践中加以强调。本书综合各方观点，从实现本质安全和培养责任感角度加以阐述。

3.1 物态文化是实现本质安全的物质基础

安全物质文化是指生产经营活动中使用的保护员工身心安全与健康的工具、原料、设备、设施、工艺、仪器仪表、护品护具等安全器物。例如以下安全器物。

① 防毒器具、护头帽盔、防刺割裂手套、防化学腐蚀毒害用具；

② 防寒保温的衣裤，耐湿耐酸的防护服装，防静电、防核辐射的特制套装；

③ 安全生产设备和装置，各类超限自动保护开关、自动引爆装置，超速、超压、超湿、超负荷的自动保护装置等；

④ 安全及防护用的器材、器件和仪器仪表；阻燃、隔声、隔热、防毒、防辐射、电磁吸收材料及其检测仪器仪表等；本质安全型防爆器件、光电报警器件、热敏控温器件、毒物敏感显示器；

⑤ 水位仪、泄压阀、气压表、消防器材、烟火监测仪、有害气体

报警仪、瓦斯检测器、雷达测速仪、传感遥测器、自动报警仪、红外探测监控器、音像监测系统等；武器的保险装置、自动控制设备、电力安全输送系统等乃至保护人们的衣食住行、娱乐休闲安全需用的一切物件用品；

⑥ 防化纤织物危害、消除静电和漏电的设备、防食物中毒及治疗、防正压爆炸、防煤气浓度超标自动保护装置，还有机床上转动轴的安全罩、皮带轮的安全套、保护交通警察和环卫工人安全的反光背心、保护战士和警察安全的防护服等，均属于安全物质文化。

3.2　制度文化主导他律性质责任感

企业为使生产经营活动安全地进行，长期执行、完善保障人和物的安全而形成的各种安全规章制度、操作规程、防范措施、安全宣教培训制度、安全管理责任制以及奉公守法、遵守纪律的自律态度等，均属于安全制度文化。

它是企业安全生产的运作保障机制，是安全精神文化的外化表现，是安全行为文化的规范和准则，是靠他律约束帮助员工形成责任感。安全制度文化建设表现在对安全生产责任的落实、国家职业安全与卫生法律法规的理解、自身安全生产制度和标准体系的建设等方面。

安全责任制的落实包括法人代表、主管领导、各职能部门（技术、行政、后勤、政工、工会、财务、人事、宣传等）及其负责人、各级（车间、班组等）机构及其负责人的安全生产职责；国家法律法规的理解包括针对企业的法律法规（《安全生产法》《职业病防治法》《消防法》《矿山安全法》《劳动法》《建筑法》《建设工程安全管理条例》《安全生产许可证条例》等）及行业部门规程的学习、认识及落实情况。

企业自身的安全制度和标准化体系的建设包括：各种岗位和工艺的

安全操作条款和规定，安全检查、检验制度，安全知识和技能的学习及培训制度，安全技能考核认证（操作、防火、自救等）制度，安全教育及宣传的制度，安全班组建设及其活动制度，事故管理及处理、劳动保护和女工保护等一系列制度建设。

3.3 安全氛围塑造自律性质责任感

1980年，以色列学者早哈（Zohar）在对本国制造业的安全调查研究过程中，首次提出"安全氛围"的概念，并将其定义为"组织内员工共享的对于具有风险的工作环境的认知"。安全氛围强调的是员工对工作中的风险和安全状况的认知，是一种心理表象，并且更为关注工作环境因素对安全状态的影响。

3.3.1 安全氛围的特征

① 安全氛围是一种能够测评安全文化即时状态的、反映企业组织内不同个体安全认知的工具；

② 相对于组织当前环境和状态而言，安全氛围是对特定地点、特定时间内的具体状态的认知，并随着环境和状态的变化而变化。

安全氛围的这一特征，与安全文化中的观念文化、心态文化相一致。

3.3.2 安全氛围举例

下面提到的安全文化现象，也可以理解为一种安全氛围。

① 安全氛围反映在对"安全第一、预防为主、综合治理"方针的贯彻，对安全法规和企业安全规章制度执行的态度和自觉性上；

② 安全氛围反映在企业的安全形象的塑造、安全目标的追求和员工的安全意识、安全素质上；

③ 安全氛围反映在安全生产的全过程，保障安全操作和安全产品的质量上；

④ 安全氛围反映在自觉学习安全技能、自救互救的应急训练热情和对企业安全承诺和承担维护安全的义务和行动上。

安全氛围存在于人的内心，融于思想，引导思维，制约着人的安全行为，成为塑造自律性质责任感的思想基础。

3.3.3　主动报告的责任感需要文化引导

安全文化是存在于单位和个人中的种种关于安全的认识和态度的总和。培养组织中人重视安全的态度，规范人的安全行为，是安全文化建设的主要任务。以惩罚为主要手段的安全文化是负向的安全文化。以引导鼓励为主要手段的安全文化是正向的安全文化。

在安全管理界，有各种模型可以用来解释如何形成和维护安全文化。詹姆斯·里森的知情文化模型，突出了主动报告的责任感在良好安全文化中的核心作用。知情文化是一种主动收集和处理安全数据的文化，例如事件报告。为了实现知情文化，一个组织需要具备以下四个要素。

① 报告文化——鼓励员工公开安全问题并参与事件报告；

② 公正文化——通过应用公平一致的专业标准，明确什么是可接受和不可接受的行为；

③ 弹性文化——在危险面前能够调整自身结构或实践；

④ 学习文化——愿意从安全报告中吸取教训并加以改正，以提高安全性。

如果报告文化、公正文化、弹性文化和学习文化是创造知情文化的催化剂，那么责备文化就是它的抑制剂。

责备文化是指组织内发生的不安全事件自动归类于个别员工个人的失误。这种文化的问题不在于将责任推给个人本身，而在于不公平地分配责任，将注意力集中到个人的工作环境上来（如工作量过大或设备运转不良），则更为恰当。责备文化的负面影响是工作人员不愿意公开事件，从而剥夺了组织纠正安全问题的机会。

安全文化源于员工态度和信念的感知因素、员工在实践中的行为因素和组织政策实践的环境因素相互作用。在这种安全文化观中，关键问题是在员工中制定鼓励安全行为、阻止不安全行为的社会规范。

韦斯图姆2004年提出安全文化的发展模型，帕克及其同事2006年进行了扩展。发展模型把安全文化描述为一个发展过程，在这个过程中，最不发达的安全文化被视为病态安全文化，组织忽视或压制有关安全问题的信息。最发达的安全文化是可行性文化，组织主动寻求安全信息并采取行动。

3.3.4 培养责任感重在提升自主意愿

培养责任感就是要培养员工在具体责任和普遍责任之间优先选择后者的自觉意识。

责任冲突在员工的现实生活中表现为具体责任和普遍责任之间的冲突。培养和增强员工这种优先选择普遍责任的责任感，不是让员工放弃应该承担的具体责任，而是在两种或多种责任发生冲突、只能选取其中之一的时候，能够选择某种相对普遍的责任。如生产经营单位领导在面对发展生产的责任与安全的责任时，我们期待的是能够选择安全的责任。这样的选择才是有责任感的选择，也是责任感的真正体现。当然，选择普遍责任的优先性与在通常情况下对具体责任的承担并不矛盾，这里的通常情况是指责任不冲突或冲突不激烈的情况，在这种情况下，我们鼓励员工承担起自己分内的、具体的责任。

可见，对责任感的培养一方面是要让员工能够自觉主动地承担责任，另一方面是让员工能够更好地选择责任。

培养和增强员工的责任感，主要途径有三条。

（1）提高员工对履行和承担责任的理性自觉。

责任感作为一种基本的情感是建立在理解和理性基础上的。一个人只有深刻地认识和体验到个人的安全依靠着团队的安全，认识到团队的安全也离不开每个人的共同努力，才能增强自身的责任感，自觉地承担起对团队和他人的安全责任。如果我们每个人都能自觉地、经常地意识到这一点，就不会忘记自己对团队和别人应尽的责任。

（2）提高员工履行和承担责任的意志和情感。

从意志角度来说，可以通过两个方面来提高员工的责任感。

① 增强员工的意志能力；

② 提高员工的意志自由度。

从人的情感的角度来说，情感因素使得责任感成为责任主体的一种类似于生理需要的感性需求，如果责任的主体对责任的对象抱有强烈的爱的情感，则承担或履行责任就会成为他的强烈要求，就会极大地促进责任感的提高。许多企业开展安全文化时，发动员工家属写一封家书，聘请家庭安全协理员等措施，调动起员工履行家庭责任做好自身安全的意愿。

（3）依靠主体的自我追究行为。

自我追究是责任主体通过对自己履行积极意义的责任的情况进行的自我评价。自我追究与责任感是双向互动的，自我追究能够通过激发主体来增强自身的责任感，同时责任感的增强也能反过来促进主体自我追究能力的提高。责任主体自身就是责任行为的评价者，能对自己履行责任的情况和能力做出相应的判断和反应。当主体认识到自己没有履行好自己的责任时，自我追究的表现方式往往是内疚、羞愧、自我谴责等。自我追究是增强责任感的一个重要途径，也是责任实现的一种重要方式。

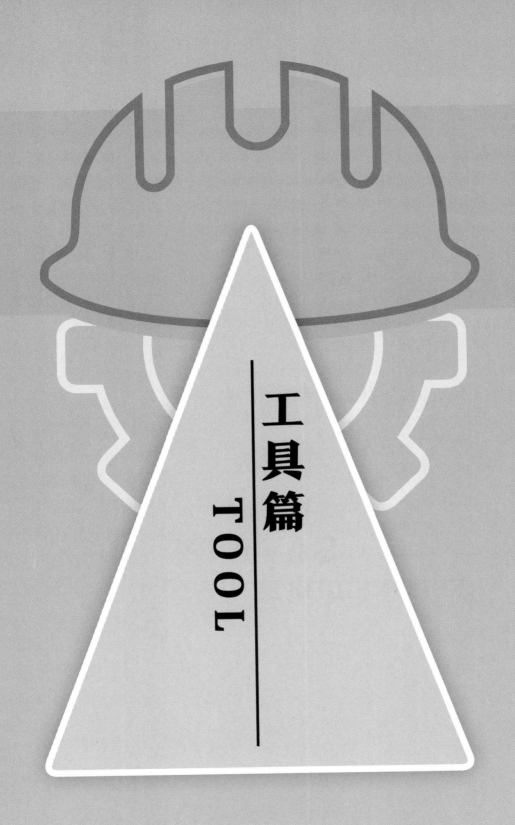

工具篇
TOOL

SAFETY

RESPONSIBILITY

12

安全责任网络

① 越织越密的安全责任网络

我国的安全生产责任体系，无论是企业安全生产主体责任，还是企业全员安全生产责任，都走过了从最初的无责任到有责任，从笼统要求到明确岗位，从单线条结果到形成网络的漫长道路。

1.1 安全主体责任从无到有

改革开放前，部门行政管理代替企业管理，企业无安全责任。

改革开放至世纪之交，政企职能分开，企业承担部分安全责任，但未成为安全主体。

2005 年后，相对科学的监管工作机制基本形成，企业承担安全生产主体责任逐渐成为共识。

1.2　从无人负责到人人担责

20 世纪 50 年代初，重工业部文件直指无人负责现象，在全行业建立安全技术责任制。

20 世纪 60 年代，国务院颁布规定，建立安全生产责任制，要求企业的各级领导、职能部门、有关工程技术人员和生产工人，各自在生产过程中应负的安全责任，必须加以明确。

2002 年 6 月，《安全生产法》颁布，将建立和健全安全生产责任制，实行生产安全事故责任追究写进法律条款。

2021 年 6 月修改的《安全生产法》首次做出了"建立健全全员安全生产责任制"的规定，从此进入了人人承担安全责任的时代。

1.3　从骨干到细化形成网络矩阵

最初的安全生产责任体系是粗线条的，只有企业负责人（或实际控制人）是第一责任人、企业安监部门、生产作业岗位等几个节点；后来提出了领导责任、直线责任、属地管理的责任骨干；现在从政府到企业的各个层级已发展出党政同责、一岗双责、齐抓共管，"三管三必须"的网络纲目，辅之以幕僚责任、全员参与等，形成严密的网络矩阵。

② 安全责任网络的形式：责任矩阵

2.1 责任矩阵

责任矩阵（Responsibility Matrix）是用表格形式表示完成工作分解结构中工作任务的个人责任，将每项任务责任到人的一种管理工具。

责任矩阵表头部分填写项目需要的各种人员角色，纵列列出项目中的各项细节任务，横排写出项目相关人员名称，在其交叉格内填写每个角色对每个活动的责任关系，从而建立"人"和"事"的关联。不同的责任可以用不同的符号表示。用责任矩阵可以非常方便地进行责任检查：横向检查可以确保每个活动有人负责，纵向检查可以确保每个人至少负责一件"事"。在完成后续讨论的估算工作后，还可以横向统计每个活动的总工作量，纵向统计每个角色投入的总工作量。

责任矩阵强调每一项工作细目由谁负责，并表明每个人的角色在整个项目中的地位。制定责任矩阵的主要作用是将工作分配给每一个成员后，通过责任矩阵可以清楚地看出每一个成员在项目执行过程中所承担的责任，明确各项活动谁负责、谁参与、谁协助。将项目的具体任务分配、落实到相关的人员或职能部门，使项目的人员分工一目了然；清楚地显示出项目执行组织各部门或个人之间的角色、职责和相互关系，避免责任不清而出现推诿、扯皮现象；有利于项目经理从宏观上看清任务的分配是否平衡、适当，以便进行必要的调整和优化，确保最适当的人员去做最适当的事情。

2.2 安全责任矩阵

安全责任矩阵是责任矩阵在安全管理中的具体运用，可以将工作任务细化给个人或部门，其有助于对关系中的责任和角色进行确认，一般情况下可以在具体划分中，在列上描述工作任务，在行上表述角色。在行列交叉位置上，引用数字、字母及符号等形式，有效处理部门员工在任务中的角色标注。

2.3 安全责任矩阵三要素

在企业安全管理中，工作内容比较复杂，生产任务也比较多，在多个生产部门作业时会有相应的人员去完成，为提升生产管理效率，对安全责任矩阵构建过程中要始终坚持以安全生产为准则，将管理部门或管理人员归为一纵列，在交叉位置用数字或符号来代表人员或部门职能。责任矩阵主要包括三个要素。

2.3.1 角色

角色是在企业安全生产中的主要执行者和参与者，在矩阵中处于列的位置，可以是生产部门或者生产个人。

2.3.2 任务

任务是在企业安全生产中对任务进行分解所得到的工作内容，是相互衔接的。

2.3.3 责任

责任是处于行与列交叉位置，在所处行列位置中对应的是拥有的权利职责，或通过责任矩阵可以很好地表示在企业安全管理中相关部门或相关生产人员所对应的职责关系，让生产人员可以明确自身的职责，在不同部门之间形成有效合作，避免在今后出现相互推诿责任或者是职责不清晰的情况，既能保证生产任务顺利完成，也能保证对企业的工作人员进行合理的工作分配、划分工作任务。

在对安全责任矩阵建立的过程中，必须明确企业内部角色，确定安全管理部门和管理人员，并对企业现在的生产任务进行分解，规定角色责任标准，根据具体的任务来明确所参与的角色和所拥有的责任与权利。在坐标轴或者流程图上列出角色责任关系，得到矩阵图。

③ 构建安全责任矩阵

企业安全责任矩阵包含了安全管理任务、安全管理人员或部门的角色和角色在任务中要承担的责任三项内容。不同企业包含的三项要素也存在一定区别。下面就以通常情况下，对企业安全责任矩阵的建立进行分析。

3.1 任务分解

工作分解结构（Work Breakdown Structure，简称 WBS）就是把一个项目按一定的原则分解，项目分解成任务，任务再分解成一项项工作，再把一项项工作分配到每个人的日常活动中，直到分解不下去为止。即：项目→任务→工作→日常活动。

企业安全管理涉及面广，头绪繁多，可将安全生产工作分解为四个任务。

日常安全管理。主要工作任务包括安全活动组织管理、安全评估、危险隐患管理、整改结果验收、安全生产检查、消防检查、治安保障、安全培训教育、安全生产投入、人员设备变更管理及应急预案设计、应急预案演练、危险源监测监控等。

安全事故预警管理。主要任务包括工作安全分析、预警组织管理、重点部位检查、制定预防措施、启动保护措施、及时消除隐患、信息实时监测、动态风险评估及应急物资优化、应急资金到位、应急培训演练、人群管控、预警信息发布等。

事故应急救援。任务包括启动应急预案、应急组织建立、先期处置、事故趋势预测、人员救助及群众疏散、应急资源调度、群众疏散、现场治安维护、应急结束、事故灾害评估、事后恢复重建等。

事故调查。任务包括事故上报、现场物证维护、发布信息、组建调查组、现场勘察、资料收集、事故分析及资料收集、事故分析、事故报告编写、审议通过、事故责任裁定、事故整改等。

上述每一项任务，都可以再进一步细分。将主体目标逐步细化分解，最底层的日常活动可直接分派到个人去完成；每个任务原则上要求分解到不能再细分为止；日常活动要对应到人、时间和资金投入。如日常安全管理中的变更管理，可以进一步细分为人员变更、管理变更、工艺技术变更、设备设施变更。其中设备设施的变更，又可以分为设备设施的更新改造、安全设施的变更、更换与原设备不同的设备或配件、设备材料代用变更、临时的电气设备等。

3.2 角色确定

组织分解结构（Organizational Breakdown Structure，OBS）是一种特殊的组织结构图，可以根据任务确定角色。它建立在一般组织结构图的基础上，负责每个项目活动的具体组织单元。它是将工作包与相关部门或单位分层次、有条理地联系起来的一种项目组织安排图形。

在企业的组织分解结构中，根据不同企业的实际情况和运营目标，各类单位部门和人员在安全生产中的角色，都有较为明确的分工。厂长或者经理是领导生产经营单位安全生产工作；企业副职主要协助企业负责人（或实际控制人）管理自己分工范围内的生产安全问题；总工程师、副总工程师则领导解决自己管辖范围内安全技术问题；部门经理、车间主任领导本部门或车间安全生产工作；班组长主要贯彻执行企业或车间安全管理规定和管理要求，管理本班组安全生产工作；车间员工严格遵守车间或企业的各项管理规章制度，服从指挥，按照安全规程进行生产作业；消防部门主要是检查厂区的消防工作，做好消防器材维护和防火保障工作；安环部门配合企业负责人（或实际控制人）做好厂区的安全管理工作，开展安全检查、隐患治理、应急演练等项活动；人力资源部门做好对厂区所有人员的安全教育，要及时加强对特种作业人员专业考核以及职工安全技术教育工作；财务部门执行厂区的安全投入。

3.3 责任分配

责任分配矩阵（Responsibility Assignment Matrix，RAM）是将工作分解结构图（WBS）中的每一项工作指派，给组织分解结构（OBS）中的执行人而形成的一个矩阵。具体来说是以表格形式表示完成工作分解结构中工作细目的个人责任方法。强调每一项工作细目由谁负责，并表明每个人的角色在整个项目中的地位。通过责任矩阵可以清楚地看出每一个成员在执行过程中所承担的角色。

责任分配矩阵是一种矩阵图，矩阵中的符号表示项目工作人员在每个工作单元中的参与角色或责任。采用责任矩阵来确定项目参与方的责任和利益关系。责任矩阵中纵向为工作单元，横向为组织成员或部门名称，纵向和横向交叉处表示项目组织成员或部门在某个工作单元中的职责。在责任矩阵中，可以用多个符号来表示参与工作任务的程度，如 P 表示参与者，A 表示负责人，R 表示复查者。当然，也可以用更多的符号表示角色与责任。

3.4 矩阵建立

组建安全管理责任矩阵时，需要明确唯一的责任主体，在安全管理任务落实中需要保证每个角色的参与，积极开展安全管理工作，在统一的指挥下开启安全管理工作，当其中某一项任务失败后可以对事故责任主体快速进行界定，追究主要责任人的责任，保证相关部门及个人的工作职责发挥最大效用，保证人尽其才，避免人力资源浪费。

安全责任矩阵构建需要遵守两个要求：每项安全生产工作任务有且只有一个角色处于主责地位；企业安全生管理中的每个角色至少要参与一项安全管理任务。

④ 安全责任网络的内核："阿喜法则"

4.1 RACI 模型

现代管理认为，企业在进行一项任务时，会存在四种角色。

① 谁执行（R = Responsible），负责执行任务的角色，具体负责操控项目、解决问题。

② 谁负责（A = Accountable），对任务负全责的角色，只有经其同意或签署之后，项目才能得以进行。

③ 咨询谁（C = Consulted），在任务实施前或实施中提供指定性意见的人员。

④ 告知谁（I = Informed），及时被通知结果的人员，不必向其咨询、征求意见。

将这四种角色，填写到责任矩阵中，被称为 RACI 模型或 RACI 矩阵，中文名字又叫作责任分配矩阵。RACI 矩阵用来定义某一项活动参与人员的角色和责任，是一个简单有效的工具。

4.2 阿喜法则

在 RACI 模型中，R(Responsible) 和 A（Accountable）的含义都有责任的意思，但二者的区别也很明显，R 负责执行是执行者角色，A 负全责是任务负责人。

经过实践中不断地总结修正，RACI 模型演变成了 ARCI 模型，被称作"阿喜法则"或"ARCI 法则"。

之所以会出现这样的变化，是因为人们感受到，谁对结果担负责任，是决定任务能否最终完成的关键。

后来，人们又在模型中加入了 S（Support）支持者，参与具体任务，协助 R 完成工作的角色。但因为小型任务参与者少，可能只有执行者 R 单独完成，没有支持者 S，人们仍习惯称 ARCIS 法则为"阿喜法则"。

联系我们上文提到的工作分解结构（WBS），每个任务原则上要求分解到不能再细分为止，也就是每次细分都要有人为细分出的任务担负责任，直至最后任务的每个环节都有责任落实到具体人肩上。

4.3　"百变阿喜"与安全责任

阿喜法则之所以被称作"百变阿喜"，是因为阿喜法则运用广泛，在项目管理、流程优化、组织设计等方面，以不同的形式出现。安全责任体系是一种矩阵网络，体现的就是阿喜法则。

如果把一个企业整体的安全管理作为一项任务，按照阿喜法则各类角色责任如下。

企业总经理或实控人，对企业安全生产全面负责是 A；

各生产指挥部门和单位领导，是安全管理措施的执行者 R；

安监部担负咨询责任，对应的是 C；

岗位员工是各类管理制度措施的知情人，对应 I；

人力资源、财务等部门作为配合生产单位完成管理任务的支持者，对应 S。

安全管理工作，无论是现场的风险管理还是书面的安全方案审批，无论是人员变更组织还是上岗人员安全培训，只要遇到下列问题，就可以运用阿喜法则加以解决。

权责不明确，工作职责分工不清楚，执行任务和作决定的级别错位；

工作延迟或不能完成，个人或单位的工作负荷不平均时，需要做分析平衡调整时；

沟通不顺畅，部门之间或个人之间争论激烈时；

组织或人员改变时，避免主要工作及功能受到影响，尽快安排岗位及工作角色；

执行特别项目时，确保额外的工作能弹性分配与日常例行工作不冲突。

可以说，阿喜法则就是安全责任体系的基石、安全责任网络的内核。遵照阿喜法则，每个任务都有一个 A 负责，安全责任才能落到实处。否则，无论多少 R 执行，多少 S 支持，多少 C 顾问，通知多少 I 知情，仍然是无人负责，流于形式。

第13章 CHAPTER

企业安全责任体系建设工具

安全责任体系建设是结合生产经营单位的风险特点，将工作职责与安全职责紧密联系，依法依规明确每个岗位的安全责任，将风险分级管控责任落实到具体岗位，规范岗位安全生产责任，明确责任落实的工作任务，量化工作任务完成的标准，提出任务达标的考核标准，构建职责明确、责权清晰、执行有序、落实有力、履职尽责、考核问责、失职追责的全员安全生产责任体系，确保全员安全生产责任制可落实、可执行、可考核、可追溯。

① 建立安全责任体系的要求及程序

安全责任体系的建立是一个系统工程。建立科学合理的安全责任体系，就要求企业按照"横向到边，纵向到底"和"一岗一责"的原则，充分建立起一级对一级负责的层级负责制和个人对岗位负责的岗位责任制，通过安全目标责任的落实和考核及责任追究，加强各层各级岗位人员的责任心，强化安全工作的目的性和有效性。"全覆盖、无死角"的责任体系是全面实现安全管理目标的基本保障。

建立安全责任体系的目的，一方面是明确企业各级领导干部、各部门、各岗位人员的安全责任，增强其对隐患排查治理的责任感，减少推诿扯皮现象的发生；另一方面依据安全责任体系进行考核，充分调动各级领导干部、各部门、各岗位人员对安全管理工作的积极性，确保安全生产。

1.1 体系要求

企业必须坚持"管行业必须管安全、管业务必须管安全、管生产经营必须管安全"和"一岗双责、党政同责、齐抓共管"的原则，建设、完善和落实安全责任体系。实行安全管理分级负责制，下级对上级负责，协调责权利关系。

严格落实国家、上级部门有关安全方面的方针政策、法律法规、标准和相关规定。

企业负责人（或实际控制人）对安全管理工作全面负责，企业其他领导在履行自己分管工作的责任的同时，还要履行好分管工作所涉及的安全责任。各部门负责人是其部门所辖业务的安全管理第一责任人，对本部门的安全管理工作负责。员工在部门负责人的组织、领导下各自履行好与本职工作相关的安全责任。

体系的内容应结合部门职责以及岗位职责进行编写，既要有全体员工共性的"应知应会"职责内容，也要有与其从事的工作相匹配的个性化安全职责内容，做到可量化、可执行、可考核。

责任体系的建立应"横向到边、纵向到底"，应覆盖企业全体员工和所有岗位，其内容应在年度安全生产责任书中具体体现。横向方面，应根据本企业组织机构的设置及职责，分别制定出各组织机构、各部门的安全责任；纵向方面，应根据本企业的岗位设置及职责，分别制定出各级领导干部、各岗位员工的安全责任。

1.2　基本原则

充分调动各方力量，依靠全体员工共同参与，逐级落实，压紧压实安全责任，全面做好安全生产工作。建立安全生产责任体系，要遵循以下原则。

1.2.1　领导层面
坚持"党政同责，一岗双责，尽职履责，失职追责"。

1.2.2　管理层面
落实行业主管部门直接监管、安全监管部门综合监管、地方政府属地监管；

坚持"管行业必须管安全、管业务必须管安全、管生产经营必须管安全"。

1.2.3　企业层面

坚持全员履职原则，明确每一个岗位所必须履行的安全职责。

建立健全"两个体系"，安全生产保证体系和监督体系各司其职，以监督促保证，形成合力。

落实"四个责任"，落实领导责任、技术责任、监督责任和现场管理责任。

做到"四个必须"，必须把制度体系建设放在首位，必须把安全文化建设贯穿始终，必须把教育培训作为长期任务，必须把接受监督管理作为重要保障。

落实直线责任，安全生产分级管理，下级对上级逐级负责。

落实属地责任，界定各个部门、各个层次、各个单位管辖范围的安全职责。

丰富"谁主管，谁负责"的内涵，做到：谁主办，谁负责；谁审批、谁验收，谁负责；谁开发，谁受益、谁管理，谁负责；谁在岗，谁负责；谁检查，谁负责。

坚持合法合规原则，做到责任制建设必须与现行相关法律法规、上级单位安全要求相一致。

坚持结合实际原则，责任体系制度规定，必须符合企业的生产经营特点和安全风险实际情况。

坚持全员参与原则，组织岗位员工参与制度编制，"写你所做，做你所写"。

坚持持续改善原则，定期评审责任体系，及时修订更新，以适应安全管理的现实需要。

❷ 安全责任体系建设的步骤

评估本企业的安全组织机构和岗位设置的合规性情况；识别和评估本单位组织机构和各岗位的风险状况；编制责任体系文件目录或清单；组织有关机构、部门、人员开展文件编制；审查责任体系文件质量；根据审查意见完善体系文件；由职工代表大会或安全生产委员会审议批准发布。

2.1 机构组建

针对各单位推行安全生产责任体系实际，企业主要负责人亲自参与方案的制定，各级管理人员要深入展开讨论，以明确各部门、各岗位的安全职责，一线员工要参与其中，对岗位职责要了然于心。只有企业全员参与，对安全责任体系编制高度认同，安全职责划分清晰，才能使编制推进工作事半功倍。

由企业负责人担任安全工作的总负责人，以安全领导小组（*或安全生产委员会*）为总决策管理机构，以安全管理部门为办事机构，以基层安全管理人员为骨干，以全体员工为基础，形成从上至下的安全工作组织架构。建成从企业负责人到一线员工的安全工作网络，确定各个层级的安全职责。

建立企业负责人为组长、其他班子成员为副组长、各副总及各职能部门和区队负责人为成员的安全领导小组，负责制定各专业各岗位安全责任制度并组织实施。各专业领域分别成立以分管负责人为组长、分管部门或区队负责人为副组长、分管部门或区队其他人员为成员的安全工作小组，负责分管范围内的每月、每旬、每日的安全检查和隐患排查，并制定对应的安全责任落实措施。

企业安监部门负责检查监督全员安全生产责任制的落实情况，并通过年度风险管理及各专业领域每月、每旬、每日风险管理汇总、整理、公告等，细化动态追责安全责任的落实，并就责任追究提出建议意见。

2.2　现状评估

通过评估确认企业安全责任现状与上级安全标准之间不相符的地方。收集、整理企业现有安全责任的规章制度，并对其充分性、有效性和可操作性进行评价。

2.3　制度策划

在现状评估的基础上，进行安全责任体系规章制度策划，首先要确定以下内容：企业的安全目标与指标；企业的安全组织机构及职责；企业建立安全责任体系需要解决的人、财、物等方面的资源；企业安全工作的流程、程序；企业安全责任体系所需要的记录、表单、台账等资料；与企业现有安全管理机构、职责、安全规章制度等相关文件的关系。

在策划阶段应明确以下要求。

确定安全生产责任体系的编制范围，包括明确岗位安全生产责任涉及的安全相关职责，编制人员范围包括全体员工。

明确安全生产责任体系编制必须收集业务相关的法律法规、标准规范、规章制度、岗位职责、安全职责等。

明确安全生产职责与业务风险管控职责界限。通过梳理业务流程，明确流程关键节点的安全职责要求。否则极易导致各岗位安全生产责任体系标准不一致，或通用安全生产职责存在漏项。

明确各层级职责争议的解决方法，避免责任体系存在职责不清、扯皮推诿等问题。

对于替岗人员不建议编制岗位安全生产责任，直接使用所替岗位安全生产责任即可。

明确安全生产责任体系编制、审核、审批流程。

明确安全生产责任考核标准要求，有益于推动安全生产责任体系形成良性循环。

根据各类安全生产标准规范中对开展安全工作所需要的规章制度的要求，企业在建立全员安全生产责任制的基础上，列明各岗位责任清单，组织全员制订个人安全行动计划，还需要把责任分工和责任追究融入安全生产教育培训、劳防用品管理、安全生产风险分级管控、安全事故隐患排查治理、安全费用管理、安全生产会议管理、安全事故管理、职业卫生管理、消防安全管理、应急救援管理、危险作业管理、相关方安全管理、安全生产监督检查、安全生产考核、安全文化建设、安全信息化建设、不安全事件登记上报管理、不安全事件报告和举报奖励、事故隐患排查治理、重大事故隐患管理、事故隐患考核等制度文件，形成完整的安全责任文件体系。安全责任体系并非要求文件整体上冠以责任体系的名目，但要在各类安全生产文件中突出责任，实现安全责任全覆盖，无遗漏，无死角，可执行，可追究。

2.4 厘清职责

建立健全岗位安全生产责任制必须基于梳理业务，明确岗位责任，结合法律法规、标准规范、规章制度、岗位职责和原有安全职责，才能确保职责健全、不遗漏。厘清职责有三个维度，具体内容如下。

2.4.1　政策要求的维度

党的政策、国家政策、部委的行业政策中要求的企业应当承担的安全生产职责必须在责任清单中体现。

省级、设区的市级政府及其部门制定的政策性文件，对企业制定安全生产责任清单具有指导意义。

2.4.2　法律规定的维度

生产经营单位的安全生产条件保障。

从业人员的安全生产权利义务。

生产安全事故的应急救援与调查处理。

2.4.3　生产经营单位不同责任主体的维度

生产经营单位负责人的安全生产责任。

生产经营单位分管负责人的安全生产责任。

安全管理机构或安全管理人员的安全生产责任。

从业人员的安全生产责任。

工会的安全生产责任。

生产经营单位自身的安全生产责任。

中介机构的安全生产责任。

根据责任在时间维度上存在应负责任和课责的"过去责任"，以及面向未来、形成义务和职责的"预期责任"，规定的职责应大于事后追究的职责，追责设置目的在于督促全员更好地完成履行规定职责，保证事后追究的重点责任认为的完成，既有助于实现安全生产目标，又有利于保护企业和员工的权益。

2.5　量化标准

基于岗位安全生产责任制，细化岗位人员的具体工作任务，明确工作需要达到的标准，并依据工作标准，制定考核标准。

2.6　做好衔接

编制岗位责任清单时，应突出层级管理，上下衔接清晰。例如，不能一味地对各级统一组织开展培训工作，而是要明确组织编制培训计划，细化到培训计划谁来编制、谁来审核、谁来审批。对于责任清单编制过程中发现相关规章制度、岗位职责等文件存在的不足，应及时修订相应的文件，形成闭环管理。

③ 安全责任体系文件的编制与实施

3.1 制度编制

企业安全责任的制度体系建设，需要全面掌握法律法规和标准规范以及上级和外部的其他要求，善于将各项政策法规要求与企业自身的实际情况相结合。通过编制工作，将外部的规定转化为企业内部的各项规章制度，再经过全面执行和彻底落实，实现安全责任的分工明确、规范有序，消除安全工作的随意性和盲目性。

3.1.1 成立编写组

"工技管"相结合，组建有一线工人、技术人员、管理人员参加的精干、高效的文件编写组。发挥一线作业人员了解生产实际、技术人员掌握专业技能、管理人员熟悉政策规范的各自优势，制订严格的编制计划，明确任务、时间、责任人和质量要求，按规定的时间节点完成文件编制。特别是一线员工，他们更为熟悉本岗位安全操作规程和作业风险，应积极参与本岗位的安全责任文件编制，在编制过程中不断加深对岗位安全责任的认识。

3.1.2 培训编写人员

一些生产经营单位编制安全生产责任体系时，仅通过简单的文件下发，没有开展系统性培训和指导，导致编制人员对岗位安全生产责任文件的编制要求掌握不到位，编制质量差，文件无法满足法律法规的要求；

安全生产责任与企业安全规章制度相抵触；职责编制不详细，标准操作性不强；工作内容、工作标准区分不清、表述不准确等。通过开展各层级的专题培训，明确政策法规搜集、安全风险识别、制度规定清理等工作方法和基本程序。

3.1.3 完善文件要素

安全制度的结构和内容并没有统一的模式，但通常包含以下几个部分：编制目的；适用范围；术语和定义；引用资料；各级领导、各部门和各类人员相应职责；主要工作程序和内容等具体规定；需要形成的记录要求及其格式；制度的管理、制定、审定、修改、发放、回收、更新等。

最终要确定安全制度的文件数量和框架结构及与其他文件的关系。

3.1.4 检查可执行性

企业应根据其适用的政府部门制定颁布的安全标准，结合自身的实际情况，对标准的内容和要求进行适当细化。如对企业主要负责人的安全生产职责中规定"督促、检查安全生产工作，及时消除生产安全事故隐患"的内容，就应当在检查标准中提出更具体的要求：明确督促的方式方法、检查的方式方法、检查的频率等内容。

3.1.5 先试点再铺开

岗位安全生产责任文件编制，必须先选择有代表性的部门、岗位进行试点。避免在推行过程中由于模板的不完善而导致大量返工的问题发生。针对各层级、各业务属性，策划相应行之有效的模板，经过评审后使用。

3.2   文件管理

在安全责任体系建设方面，很多企业缺乏系统、有序的文件管理措施，也妨碍了各项责任制度的长期有效实施。

3.2.1   便于获取

文件管理是制度编制和贯彻的重要保证，安全责任制度的文件管理也不例外。安全制度发放到哪一级、哪些人，直接影响到能否充分贯彻执行的程度。很多单位在实际工作中形成了文件只发放到中层干部这一级的习惯，再向下就仅仅是组织向员工宣读，导致很多真正需要按文件规定进行操作的人员无法获取相应的文本，使文件内容得不到有效实施。应该将文件的获取实现达到方便容易的程度。

3.2.2   搜集反馈和定期评审

文件在执行过程中发现存在问题时，应当根据提出意见和建议的方法和程序，逐级向上反映，由文件编制部门按手续收集反馈意见。企业应遵循 PDCA 循环管理模式持续改进，重视搜集员工的反馈，定期评审制度、清单等体系文件，不断总结责任体系文件运行中发现的问题，提高安全责任体系的规范性、时效性和适用性。

3.2.3   更新维护

根据程序进行修订更新。当法律、法规、政府及上级单位提出更高的安全目标责任，或企业生产方式或组织机构、岗位设置发生重大变化时，需要对责任人、责任范围、考核标准进行调整、补充。

当文件换版、作废时，应按相应的步骤规定执行，以防止使用已经过期的文件，保证相关岗位和人员获得有效版本。已作废的文件除大部分销毁或处理掉以外，还应保留底稿，目的是使文件的修改有一定的连续性，为今后其他文件的编制提供参考。

3.3　安全责任体系文件的执行

3.3.1　组织保障

企业领导要重视安全责任体系建设，加强对各职能部门和各单位的督查。发挥有感领导的作用，参与和重视解决职责分工、考核激励问题，推动责任体系文件的执行。

3.3.2　强化考评

《"十四五"国家安全生产规划》提出："严格实施安全生产工作责任考核，实行过程性考核和结果性考核相结合。"过程性考核是各项安全责任按时间节点的落实情况，强化全员、全过程、全方位安全管理，侧重预防；结果性考核包括发生的伤亡责任事故、上级安全检查发现的重大隐患、行政性处罚等，强化安全红线意识和底线思维。开展履责量化评价，根据考评对象、考评内容等条件，合理设计考评周期、指标权重。采用自评方式，每位员工负责提供履职记录，直接上级领导审核，上一级部门抽检，对自评、审核不认真导致结果偏差较大的情况，制定规则进行惩戒。考评结果定期公开通报，接受全员监督。

3.3.3　双向激励

对工作不负责、不作为，分工责任长期不落实、措施不得力，重大问题隐患悬而不决，逾期没有完成目标任务的，依照有关规章制度给予处罚。对于认真履职，尽职尽责，严格执行制度程序或对制度程序提出有效改进意见的人员，要按照制度规定及时给予奖励。通过奖罚兑现，确保安全责任文件得到刚性执行。

3.3.4　定期评审

企业在生产经营过程中，因外部环境或是管理要求的不断变化，以及内部生产经营的调整或是管理方式的转变，都会引起岗位安全职责发生变化。企业应根据实际情况，定期对岗位安全责任进行回顾评审，实现安全管理 PDCA 动态循环。发动全员参与回顾评审，既是对全员进行的安全教育培训，也能促使全员更好地履职尽责。

④ 全员安全生产责任制

企业要按照《安全生产法》《职业病防治法》《消防法》等法律法规规定，参照《企业安全生产标准化基本规范》《企业安全生产责任体系五落实五到位规定》等有关要求，结合企业自身实际，制定完善企业全员安全生产责任制。明确从主要负责人到一线从业人员（**含劳务派遣人员、实习学生等**）的安全生产责任、责任范围和考核标准。安全生产责任制应覆盖本企业所有组织和岗位，其责任内容、范围、考核标准要简明扼要、清晰明确、便于操作、适时更新。企业一线从业人员的安全生产责任制，要力求通俗易懂。

安全生产责任制应包括岗位安全职责和考核标准。

4.1 明确安全职责

全员安全生产责任制应当内容全面、要求清晰、操作方便，各岗位的责任人员、责任范围及相关考核标准一目了然。当管理架构发生变化、岗位设置调整，从业人员变动时，生产经营单位应当及时对全员安全生产责任制内容作出相应修改，以适应安全生产工作的需要。

4.1.1 定岗定人定责

落实"全员安全生产责任制"，应当定岗位、定人员、定安全责任，根据岗位的实际工作情况，确定相应的人员，明确岗位职责和相应的安全生产职责，实行"一岗双责"。

4.1.2　分层分级负责

全员安全生产责任制应根据岗位的层级、性质、特点，明确所有层级、各类岗位从业人员的安全生产责任，一级向一级负责，便于组织协调，体现责任的有机传递、分层分级负责并落实到人，形成安全生产工作"层层负责、人人有责、各负其责"的工作体系。

4.1.3　责任界面清晰

全员安全生产责任制要清晰安全管理的责任界面，解决"谁来管，管什么，怎么管，承担什么责任"的问题，通过"阿喜法则"ARCI模型的应用，细化制定各岗位职责，让各岗位职责全面无遗漏、清晰无交叉，责任明确、权利对等，调动各级人员和各管理部门安全生产的积极性和主观能动性。

4.1.4　便于操作执行

全员安全生产责任制要明确从所有岗位的安全责任、责任范围和考核标准。其责任内容、范围、考核标准要清晰明确、简明拒要、通俗易懂、便于操作，并适时更新，便于员工自主管理，落实责任。

4.1.5　监督机制完善

企业根据本单位实际，建立由主要负责人牵头、相关负责人、安全管理机构负责人以及人事、财务等相关职能部门人员组成的全员安全生产责任制监督考核领导机构，协调处理全员安全生产责任制执行中的问题。主要负责人对全员安全生产责任制落实情况全面负责，安全管理机构负责全员安全生产责任制的监督和考核工作。

生产经营单位应当建立完善全员安全生产责任制监督、考核、奖惩的相关制度，明确安全管理机构和人事、财务等相关职能部门的职责。

充分发挥党群机构的作用，鼓励从业人员对全员安全生产责任制落实情况进行监督。按照"尽职免责，失职追责"的原则进行责任追究，将全员安全生产责任制的落实情况与安全生产奖惩措施挂钩。

4.2 明确考核标准

考核标准要依据岗位安全分析和岗位安全职责指南进行制定，要对关键点和关键步骤进行重点说明。

管理岗位的考核标准，要通过分解细化岗位安全生产职责清单，梳理各管理岗位人员的管理行为，结合其属地风险控制清单，把握关键风险管控工作节点和标准，细化年度、日常安全履职工作规定动作的具体内容。管理层须为落实责任制配置有效资源。

操作岗位的考核标准，要通过分解细化操作岗位安全生产职责清单，梳理各操作岗位人员行为和作业流程，根据岗位作业标准，以控制作业风险为目的，把握岗位安全操作关键步骤和执行标准。要制定员工拒绝作业的标准，规定拒绝情形、报告、调查、处理与分析的程序。

4.3 责任制制定与实施

4.3.1 责任制相关文件

（1）主体文件。

① 部门单位安全生产责任制；

② 全员岗位安全生产责任制。

（2）辅助文件。

① 安全责任清单；

② 个人安全行动计划。

（3）落实文件。

① 责任制到位标准自查表；

② 责任制检查考核表；

③ 全员安全生产责任制三栏表（列明职责氛围、检查标准及落实情况）。

4.3.2 制定与实施步骤

（1）厘清岗位。

在安全生产责任制的策划阶段，企业人力资源部门应确定最新的包括正式员工、外委员工等所有岗位在内的岗位名录。如缺乏这一环节，容易导致安全生产责任制不能全面覆盖企业各岗位。

（2）辨识风险。

结合全面风险管理和全员危害辨识，根据各个岗位面临的安全风险和能够调用的资源，确定必须完成的任务。

（3）梳理责任。

以风险管理为基础，以法规标准为依据，根据各个岗位的工作特点，优化责任分工，明确所有层级、各类岗位从业人员的岗位责任清单，建立起安全生产"层层负责、人人有责、各负其责"的工作体系。

（4）消除遗漏。

全员安全生产责任制，不仅着眼全员消除岗位遗漏，还要按照全面风险管理的要求，消除责任遗漏。在传统的人力资源部门安全培训、财务部门安全投入以外，还要重视思想教育、人员选聘、合理化建议、法律事务、档案管理等企业所有工作领域应承担的安全责任。

（5）力求落实。

安全责任制不仅要确定各岗位的安全生产职责，更要确定可操作的执行和考核标准，就是围绕落实岗位职责，列明工作方式，时间节点、周期或频率，成果依据，数量要求，提交方式等。通常一项安全生产职责会有多项标准支撑，如果岗位人未能完全落实，会有对应的考核追究措施。

4.3.3　动态维护更新

针对管理或工作绩效与存在的问题，对各层面责任制的落实情况进行年度评估。针对评估结果，制定改进措施。

每年对责任制的全面性、合理性与可操作性进行回顾，对存在的问题进行修订。当组织机构、岗位、管理制度等基本情况发生变化后，企业必须及时组织安全生产责任制的修编。同时，如果岗位人员发生变化，企业也应及时与岗位变化的人员进行沟通，使其及时、充分地了解新岗位的安全生产职责、考核标准。

⑤ 安全责任清单

安全责任清单作为落实全员安全生产责任制的辅助工具，逐渐被越来越多企业所采用。烟草行业 2011 年就明确要求通过部门责任制或岗位规范、安全责任清单等方式，将本部门职责分解、落实到部门内相应的领导和管理岗位，促进全员安全生产责任制的有效落实。国家民航局 2016 年要求民航企业建立安全工作责任清单、安全运行标准清单、完善安全管理隐患清单，进一步深化安全责任体系。中国石油天然气集团公司 2018 年提出在所属各企事业单位建立安全生产责任清单，规范并细化各级领导班子和各类管理岗位安全生产责任。

中央关于安全生产改革意见提出"尽职照单免责，失职照单问责，建立企业生产经营全过程安全责任追溯制度"以后，更多的企业把制定安全责任清单与安全生产责任制并列，作为建立安全责任体系的标准配置。通过安全责任清单明确各项工作内容及责任边界，提升安全管理的效率及效果。

5.1 安全责任清单与安全生产责任制的区别

很多企业在编制安全责任清单时，直接照抄安全生产责任制的内容，如果不看文件题目，会让人无法区分。于是乎，岗位人员也就不理解，认为已经有了责任制为什么还要编制责任清单？

5.1.1 制定依据不同

制定安全责任制依据的是法律规定。《安全生产法》规定，"生产经营单位必须遵守本法和其他有关安全生产的法律、法规，加强安全生产管理，建立健全全员安全生产责任制和安全生产规章制度。"

安全责任清单依据的是政策要求。中央关于安全生产改革意见提出"尽职照单免责，失职照单问责"的改革方向，山东、四川、浙江、山西、江西、河北、湖北等省级政府或直接出台安全责任清单规定，或做出安全责任清单编制规划，或部署实行安全生产责任清单制工作。

5.1.2 文件形式不同

安全责任制是制度规定，遵照制度文件范式，有标准、有考核、有责任追究等详尽措施。

全员安全生产责任制内容较多，力求全面无遗漏，没有篇幅限制。

安全责任清单是一种管理工具，只要求列明安全职责，写清楚必须承担哪些责任、必须做哪些事情，像一张地图，至于到位标准，如何检查，未做到位如何追究责任，只需要按图索骥，到安全责任制等制度中查找规定即可。

一般来说，安全责任清单应限定在一页纸内，7条至11条为宜，可少不可多，否则就失去了简明的特性。因为岗位的安全职责比较多，一些企业把岗位安全责任清单进行分解，编制风险管控责任清单、隐患治理责任清单、应急救援清单责任等。

根据各企业自身的实际情况，也可以在作业指导书、标准作业程序之外，借鉴安全责任清单的方式，制作使用检查清单、设备安全操作规程清单等工作清单一级应急预案清单、应急器材清单、应急人员通讯清单等应急清单。

5.1.3 适用范围不同

安全责任制，适用于生产经营单位的全体员工。

安全责任清单，既可以适用于生产经营单位的全体员工，还可以适用于地方党委政府属地安全生产领导责任、政府部门安全生产监管责任、企业安全生产主体责任等。

5.2 清单编制要求

安全责任清单应本着责任清晰、内容简洁、易于考核的原则进行编制。

5.2.1 一岗一清单

立足于岗位，坚持"一岗一清单"的原则，对于安全责任出现遗漏或没有落实到岗的，可以规定由本层级领导或上一级部门领导兜底承担，以此推动各级领导对编制责任清单的重视。

5.2.2 内容简洁明确

清单不是大而全的操作手册，冗长且含糊不清的清单是无法高效并安全执行的。清单用语要做到精练、准确，分清主次，明确做什么。将重大风险、危险作业、关键步骤等重点安全责任制成清单，而不是将所有安全职责进行简单罗列。至于怎么做，可以通过其他作业文件详细说明操作步骤和过程。

5.2.3 突出主动责任

责任清单要突出主动责任，如组织本班组开展安全教育培训，是班组长的主动责任，需要在责任清单中明确；一线员工接受安全教育培训，是被动责任，在责任清单中可以简化。

⑥ 个人安全行动计划

6.1 概念理解

个人安全行动计划是落实全员安全生产责任体系，体现有感领导的管理工具。其中，"个人"特指编制和实施的主体是领导干部个人；"安全"，主要内容以安全为主；"行动"，重在执行会议、检查、调研；"计划"，说的是工作计划周期性。

6.2 总体要求

个人安全行动计划必须做到"三个结合"，要和工作计划相结合，要和业务重点工作相结合，要和日常工作相结合。

个人行动计划要写重点任务，而不是日常例行工作。

行动计划要足够"聪明"，符合 SMART 原则。

S（Specific）明确性：工作任务设定要清晰、明确，要切中特定的工作指标，不能笼统。

M（Measurable）可衡量性：工作任务设定要明确、完成指标可量化，具有可衡量性，而不是模糊的。

A（Attainable）可实现性：任务设定可实现，不能偏高和过低。

R（Relevant）实际相关性：任务设定要结合工作职责和目标，也就是计划设定不能偏离实际，不要为做个人行动计划而做计划。

T（Time-based）时限性：计划设定要有时限性，要在规定的时间内完成，时间一到，就要看结果。

6.3 个人安全行动计划示例（见表 13-1、13-2）

表 13-1 个人安全行动计划

部门 / 单位：　　　　　　　　　职位：　　　　　　　　　姓名：

序号	行动	主要内容和目标	频次	完成时间												备注
				一月	二月	三月	四月	五月	六月	七月	八月	九月	十月	十一月	十二月	
1																
2																
3																
4																
5																
6																

表 13-2 个人安全行动计划及实施表

姓名：　　　　　　　　　单位：　　　　　　　　　职务：

序号	个人安全行动工作项目	具体工作内容	活动频次或计划完成时间	实施记录（是否完成）	备注
1					
2					
3					
4					
5					
6					

6.4　个人安全行动计划编制与落实

6.4.1　编制方式

方案应以提升现场安全管理能力为主要目的，重心下移立足现场、解决问题；

应在调查研究的基础上，结合单位或区域特点，相关管理者亲自制定方案；

个人安全行动计划要从现场改善、健康安全出发，追求实效，避免任何形式主义。

在制订计划方面容易出现的问题，具体内容如下。

① 目的不清：把制订个人安全行动计划当成上级交给的一项任务；

② 任务模糊：没按 SMART 原则制定，日常工作与关键任务混淆；

③ 关联不大：与组织目标、部门业务、岗位职责关联不大，与主管缺乏真正讨论，雷同的多。

6.4.2　计划执行

个人安全行动计划内容要纳入管理者工作计划，要明确目标、进度节点、闭环控制；

要及时记录、总结、改进，善于发现区域内的亮点与不足，实现持续改进；

安全、技术管理人员要在专业技术方面给予支撑。

在实施计划方面容易出现的问题，具体内容如下。

① 重数量不重质量：未完全按照制订的计划开展安全活动或根本没有活动，只是做一些虚假记录；

② 安全人员"帮助"领导完成个人安全计划：将本人的个人行动

计划交给安全人员代做，产生"负面"影响；

③ 缺乏直线领导审核：没有定期进行上下辅导，与个人考核的联系不够紧密。

有条件的企业可以借助数字化手段，进行安全生产责任自动推送、到期提示、过期预警等过程管理，提升安全计划执行的实效性和可追溯性。

6.4.3 考核方式

企业安委会拟订领导个人安全行动计划评价标准，并在一季度发到各所属单位，听取相关人员意见；

安委会将组织相关人员开展评价，每年两次。无法按时完成，将考虑请外单位专家到现场指导评价。

评价结果将在安委会会议上报告，会议将提出整改要求。

针对不合格者，将组织再培训；同时，将评价结果纳入个人和单位年度安全绩效考核；

评价结果分级：优秀 ≥ 90 分、良好 ≥ 80 分、合格 ≥ 70 分、待整改 <70 分；

企业组织开展评价对象是：主要领导、安全分管领导、业务分管领导，若无分管领导，将由主要领导承担其职责。

压实责任，安全管理背后的逻辑

年近花甲，耳顺之年，回顾大半生，感觉很庆幸做了一些善事，就是让人们避免或减少伤害。在我走过的每个企业，几乎都会留下一句话告诫同行，做安全管理就是在做善事，而且是拯救生命的大善事。不仅如此，我还尽我所能，让各类企业担负一定安全责任的人，都应该有这种责任感。

1. 关注安全责任

从事安全管理的研究与推广这么多年，主要围绕安全管理的核心和灵魂在做事，讲课、咨询之余，也写了一些安全管理书稿，多数已经出版。虽然有研究安全管理核心——风险的《本质安全管理》系列图书，但更多的则是关注安全管理的灵魂——责任。

2. 书籍畅销原因

2004年，我在写我的第一本书《第一管理——企业安全生产的无上法则》时，"责任"就占去了很大篇幅。出版社的责任编辑别出心裁，在书的每一页的页边印上两个大字——"责任"。

《生命第一：员工安全意识手册（12周年修订升级珍藏版）》被许多企业厚爱，成为企业送给员工的礼物，安全意识的另一面也是责任——员工责任。

还有那本《有感领导——做最好的安全管理者》，书名虽然让很多人费解，作为企业各级干部的安全管理读物，"做最好"靠的还是责任——领导责任。

这几本书之所以都能相继进入畅销书行列，共同点是对于安全责任的关注，可以说，安全责任是它们背后的共同逻辑。

3. 本书形成经过

在写作《本质安全管理》原理、实务、工具三卷大部头的时候，企业管理出版社华阅图书策划中心总编朱新月跟我商量，能否将每一卷中的有关安全责任的内容抽出来，单独出一本书，单行本的书名就直接叫《压实安全责任：原理·实务·工具》。遵照意见，我对《本质安全管理》三卷有关安全责任的内容进行整合、增删和修改，希望能够讲清原理，教会方法，提供工具，为企业的各级领导、管理人员乃至全体员工，提供压实安全责任，担负起企业主体责任和全员安全生产责任的服务。

4. 鸣谢

本书在写作和出版过程中，获得了编辑部主任赵辉等编辑团队的指导和帮助。

我曾经到访过的一些企业、我书稿的一些热心读者等，主动交流他们的做法和体会，让我受益良多，对我的研究和本书的成稿也是莫大支持。

在此，一并表示感谢！

参考文献

[1] 祁有红，祁有金．第一管理——企业安全生产的无上法则（全新升级版）[M]．北京：北京出版社，2009.

[2] 时显群．法理学[M]．北京：中国政法大学出版社，2013.

[3] 周永平．我国安全生产责任制的特点[J]．劳动保护，2021，(7)：50-51.

[4] 祁有红，祁有金．第一管理——企业安全生产的无上法则[M]．北京：北京出版社，2007.

[5] 祁有红．生命第一：员工安全意识手册（12周年修订升级珍藏版）[M]．北京：企业管理出版社，2022.

[6] 祁有红．生命第一：员工安全意识手册[M]．北京：新华出版社，2010.

[7] 蔡唱．旁观者不作为侵权责任研究[M]．长沙：湖南大学出版社，2016.

[8] 谢雄辉．突破安全生产瓶颈[M]．北京：冶金工业出版社，2019.

[9] 代海军．安全生产法新视野[M]．北京：应急管理出版社，2020.

[10] 班文健．浅析如何有效落实企业安全生产主体责任[J]．山东工业技术，2018，(9)：222.

[11] 石少华．企业全员安全生产责任制解析[J]．电力安全技术，2022，第24卷(7)：1-4.

[12] 祁有红．有感领导——做最好的安全管理者[M]．北京：北京出版社，2012.

[13] 祁有红，祁有金．安全精细化管理[M]．北京：新华出版社，2009.

[14] 徐伟东．现代企业安全管理：理念、领导力、核心要素、技巧、案例[M]．广州：广东科技出版社，2007.

[15] 国际原子能机构，国际核安全咨询组．安全文化[M]．李维音，徐文兵，译．北京：原子能出版社，1992.

安全管理精品课程

安全意识培训

《生命第一：塑造本质安全型员工》

（课程时长：1 天／ 6 小时）

高层管理培训

《本质安全管理》

（课程时长：1 天／ 6 小时）

基层管理培训

《安全永远第一》

（课程时长：1 天／ 6 小时）

通用管理培训

《有感领导：安全领导力》

（课程时长：1 天／ 6 小时）

管理能力训练

《世界 500 强通用安全管理工具》

（课程时长：2 天／ 12 小时）

联系方式：010-68487630

王老师：13466691261　　　　刘老师：15300232046

（同微信）　　　　　　　　　　　（同微信）